イタリア・ローマ市内におけるⅤ号戦車パンサー

(上)15インチの主砲を搭載した戦艦ビスマルク
(下)抜群の高速性能と強力な武装を誇ったジェット戦闘機Me262

NF文庫
ノンフィクション

新装版

ドイツ軍の兵器比較研究

陸海空先端ウェポンの功罪

三野正洋

潮書房光人新社

まえがき

現代において、軍事を中心とする科学技術がもっとも進歩していると考えられるのは、どの国であろうか。

やはり唯一〝超大国〟の名を欲しいままにしているアメリカが、まず最初に挙げられる。多数の固定翼艦載機を運用可能な原子力空母、見えない爆撃機F117、B2などを見ても、これらは明らかである。

その一方で、タイフーン級原子力潜水艦、大出力のジェットエンジンといった分野では、相変わらず旧ソ連／ロシアの技術も軽視することはできない。

また日本に眼を移すと、九〇式戦車の総合能力、機雷の探知技術では最先端をいっているのではないかと思われる。

歴史を半世紀遡れば第二次世界大戦当時にあって、真の「軍事技術大国」はどこだったのか。

調べれば調べるほど、また学べば学ぶほどドイツ第三帝国の影が濃く浮かび上がってくる。

史上初めてジェット機を実戦に参加させ、また慣性誘導システムを装備した弾道ミサイルを大量に製造し、空対艦誘導弾を使って艦船を撃沈した技術などは、すべてドイツによって生み出されている。

いずれもアメリカ、イギリス、ソ連といった先進国でさえ、これらの分野については大きく遅れていたのである。

また地味な技術ではあるが、

大型艦船の電気溶接による建造

アルミ材を使用した高速艇の建造

大型、高速ディーゼルエンジンの製造

航空エンジン用の燃料噴射システムの開発

などでも、他国を大きく引き離していた。

一九一四〜一八年の第一次大戦に敗れ、その後の超インフレによって国家が大きく揺らいだにもかかわらず、ドイツの科学技術は多くの分野で開花したのであった。

しかしその実態は、一言で表現すれば、

「かなり〝歪《いびつ》〟なもの、偏《かたよ》りが大きいもの」

であった。

例としてはディーゼルエンジンに関する状況がわかりやすい。

㈠ 優れた大型船舶／艦艇用
マン・16V型などをポケット戦艦、ケーニヒスベルク級軽巡洋艦に採用
㈡ 高速小型艇用
ダイムラー・ベンツHS型などを魚雷艇（Sボート）に採用
㈢ 航空機用（世界初）ユモ20SCをドルニエDo24飛行艇に採用

と、いずれも他国が開発中の段階のうちに、早々に実用化に成功している。

このうち、㈡および㈢についてはその技術的格差はいちじるしく大きかった。

ところが、ソ連との大戦争が始まり、戦車がこの戦域の主要な兵器であることが確認されてもなお、出力わずか五〇〇馬力程度のディーゼルエンジンが造れない。

大型戦闘車両の原動機としては、ディーゼル（それも空冷）が最良の選択であると理解していながら、技術的な困難を克服できないままに終わってしまった。

また軍用機について言えば、ロケット、ジェット戦闘機を多数実戦に投入しているにもかかわらず、アメリカ、イギリスとちがって四発爆撃機を最後まで配備できなかった。

これらの例以外でも、ドイツの技術がかなり歪《いびつ》であった事実は、いくつも指摘することができる。

このような原因はいったいどこに求めるべきであろうか。

本来、あらゆる製品のうちで兵器こそ、その用途、有効性、品質がもっとも慎重に検討されなくてはならないものなのである。

ところがドイツにおいては、まず技術的にそれが実現可能かどうか、といった点が重要視されてしまった。その結果、用兵者、技術者の技術的——知的と呼ぶこともできよう——興味が先に立ち、兵器としての有効性の分析が希薄になったのではあるまいか。

どこの国の軍隊にも同じような傾向が見られはするものの、ドイツほど極端な例は少ないように思える。

その反面、少しでも軍事、そして現代史に興味を抱く人々にとって、ナチス・ドイツ第三帝国の兵器と組織は絶好の研究対象である。

なかでもこの国の兵器をみていくと、玩具《おもちゃ》箱を覗いた時に感ずるのと同じ好奇心が湧き上がってくるのをおさえることができない。

崩れゆく帝国を支えようと大空を駆ける、生まれたばかりのジェット軍用機群。東西から怒濤のごとく押し寄せる大軍に立ち向かう鋼鉄の猛獣たち、タイガー、パンサー、エレファント、ピューマ。

そして敵軍の後方を天空から襲うV号兵器。

どれをとっても、まさに激動の二〇世紀を彩る兵器なのである。

兵器というものは無機質であるが、この場合にはドイツという国家と国民の存亡がかかっているのであった。戦争が人類最大の悲劇であるのは充分に理解できるが、また揺れ動く歴史という事実に誰もが魅せられてしまうのも否定できない。

これこそまさに、

「滅びの美学、あるいは神々の黄昏《たそがれ》」

なのである。

いってみれば日本史における武田、豊臣一族の滅亡のドラマと重なり合って見える。

さらに筆を進めれば、このドイツの兵器開発、その用法、そして国家の技術開発の状況は、現代にあってもきわめて重要な示唆を我々に与えてくれる。

わが国もドイツと同様に天然資源に恵まれているわけでなく、必然的に技術に頼って生き続けなくてはならない。そのためには、常に最先端の科学技術に目を向け、学ぶ必要がある。

それに加えて効率よく事を進めようとすれば、過去の失敗を分析し、同じ過ちを繰り返さないよう心がけなければならない。

第二次大戦におけるドイツの兵器の開発と運用は、この場合、

「最良の反面教師」

といった一面を持つ。

これについては、本書をご精読いただければ、かなり理解されると確信している。そしてこれこそ、執筆の狙いといってよい。

この意味から、兵器の解説書というよりも、未来に向けた技術史の一部と呼べるかも知れないのである。

著　者

ドイツ軍の兵器 比較研究——目次

第四部　戦闘車両

第五部　その他の兵器

写真提供／著者・広田厚司・雑誌「丸」編集部
作図／石橋孝夫・野原　茂

ドイツ軍の兵器　比較研究

陸海空先端ウェポンの功罪

第一部　海軍の艦艇

ドイツ海軍の主力艦

今世紀の初頭から第二次大戦の終結まで、ヨーロッパとその周辺海域において覇を誇ったのは、もっぱらイギリスとドイツの海軍である。

これに次ぐフランス、イタリアの海軍はかなりの戦力を有してはいたものの、第一次、第二次の両大戦のさい、徹底的に闘うことを避けてきた。

またロシア／旧ソ連の海軍は、戦後と異なり潜水艦以外の分野では弱体であった。

これらの三ヵ国とちがって、英独両海軍は大西洋の荒波の中でたびたび砲火を交え、戦果と損害を記録している。

ただし戦力を見ていくと、

英　独

第一次大戦時	一〇	六
第二次大戦時	一〇	三

と、常にドイツ海軍が劣勢であった。

なかでもイギリス海軍が多くの航空母艦を有効に使ったのに対し、ドイツ海軍は最後まで空母を保有できないままに終わっている。

第二次大戦時の主力艦（ここでは戦艦と巡洋戦艦に限定）については、

	英	独
新型戦艦	五隻	二隻
戦艦	一二隻	なし
巡洋艦	三隻	二隻
装甲艦	なし	三隻
計	二〇隻	七隻

で、その差は大きかった。

（注・巡洋戦艦とは防御力をある程度犠牲にし、その分運動性を高めた戦艦。装甲艦とは別名をポケット戦艦といい、ドイツ海軍独特の小型戦艦）

装甲艦については、拙著『ドイツ軍の小失敗の研究』で言及しているので、ここでは新型の戦艦ビスマルク級と、巡戦シャルンホルスト級のみを取り上げてみたい。

排水量数万トンの戦艦、巡戦を建造するためには莫大な費用を要する。

当時にあっては、国家予算（軍事予算ではない）の〇・五パーセント程度もかかった。

このため第二次大戦直前から戦争中の建造数は列強各国といえどもきわめて少なく、

	戦艦	巡戦	装甲艦
日本	二隻	なし	なし
アメリカ	一〇隻	三隻	なし
イギリス	五隻	なし	なし
フランス	二隻	二隻	なし
ドイツ	二隻	二隻	三隻
イタリア	三隻	なし	なし

にすぎなかった。そのうえ、それぞれの海軍が夢に描いたような艦隊同士の大砲撃戦などほとんど発生せずに終わってしまった。そして戦争が終わると同時に、人類が生み出した最大の兵器は少しずつ消えていき、現在では世界中を見渡しても一隻も残っていない。

戦艦の歴史はわずか一〇〇年に満たず、巨大な海獣リバイアサンは、展示艦、記念艦としてのみ存在しているにすぎないのであった。

それでは早速、ドイツで誕生した戦艦四隻の軌跡をたどり、その能力を探ってみることにしよう。

なお第二次大戦中に、敵の戦艦と華々しく闘ったのは、

戦艦ビスマルク

巡洋戦艦シャルンホルスト
の二隻のみである。日本の大和、武蔵、アメリカのアイオワ級、フランスのリシュリュー級、イタリアのビットリオ・ベネト級の新鋭戦艦は、一隻として敵の大戦艦と本格的な戦闘を経験しないまま消えていった。
その意味から、前記の二隻は建造目的のとおりに闘い、それに殉じたのである。

一、ビスマルク級戦艦

このクラスとしてビスマルク、ティルピッツの二隻が一九四〇年八月、四一年二月に完成した。

ティルピッツはその後、ノルウェーの奥深いフィヨルドに身を潜め、ほとんど出撃することなくイギリス軍の攻撃により破滅の道をたどる。

一方、ビスマルクの方は一九四一年五月、重巡洋艦プリンツ・オイゲンと共に北大西洋に出動し、史上最初にして最後の近代戦艦同士の大砲撃戦を経験するのであった。

当時にあって新型戦艦の数はきわめて少なく、一九四一年春の時点では、

アメリカ	ノース・カロライナ級	二隻
イギリス	キング・ジョージ五世級	二隻
イタリア	ビットリオ・ベネト級	一隻

にすぎなかった。

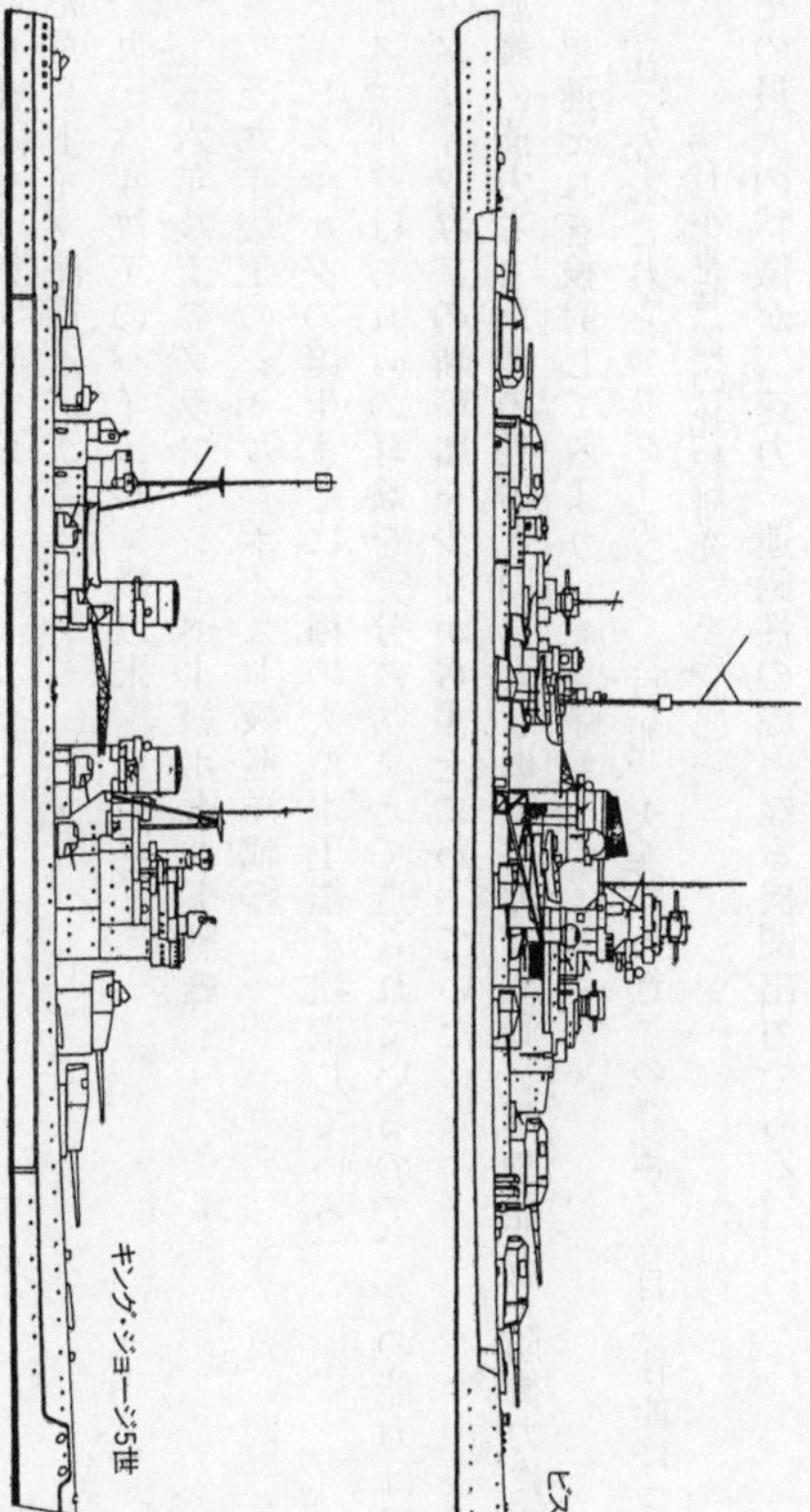

「ビスマルク」と「キング・ジョージ5世」の比較

作図・石橋孝夫

これは一九二二年のワシントン軍縮条約の結果、同年から一九三六年までの列強のすべてが一部の例外を除いて戦艦の新規開発を行なわなかったためである。
日本海軍も同様で、一九二一年竣工の陸奥から一九四一年の大和まで二〇年にわたって新しい戦艦は生まれていない。
ただしドイツ海軍は、
一九一六年竣工のバイエルン級以来、
三六年竣工のグラフ・シュペー級ポケット戦艦
三九年竣工のシャルンホルスト級巡洋戦艦
と、ビスマルクの誕生までに二種の大型水上艦を建造している。
ビスマルクはこれらの経験を充分に踏まえて造られているので、その能力はアメリカ、イギリス、イタリアの新戦艦を少なからず上まわっていた。
戦艦の能力もまた他の兵器と同じように攻撃力、機動・運動能力、防御力によって決まるが、早速それを検討してみよう。
（注・なおこれらのリバイアサン〈巨船、大海獣の意〉の詳細な要目、性能については、拙著『日本軍兵器の比較研究』を参照）
その最大の特徴が、速力、運動性の源となる機関出力である。

	出力	出力排水量比
ビスマルク	一三・八万馬力	三・三一馬力／トン

KG5	一二・五〃	三・四〇〃
V・ベネト	一二・八〃	三・一二〃
N・カロライナ	一二・一〃	三・一八〃

となる。

これを日本海軍の大和と比較すると、

大和の基準排水量六四〇〇〇トン、ビスマルクの四一七〇〇トン

であり、前者はちょうど五割も大きい。

出力排水量比は、

大和二・三〇、ビスマルク三・三一

となる。結果的にこれは速力に影響し、大和二七ノット、ビスマルク三〇ノットであった。

主砲の攻撃力に関していえば、ノース・カロライナが一六インチ砲、キング・ジョージ五世は一四インチ砲、そしてビスマルクとビットリオ・ベネトが一五インチ砲となっている。

しかし実質的に闘うべき相手としてはキング・ジョージ五世級のみであった。

イタリアは同盟国であり、アメリカの参戦は半年以上先のことである。

それまでのイギリスとの戦艦建造競争において、ドイツ海軍の戦艦の主砲の口径は、常に小さかった。

第一次大戦では、

ドイツ　二八三ミリ、三〇五ミリ、（ごく少数のみ三八一ミリ）

従来の米戦艦のスタイルを一新させたN・カロライナ（上）
主砲の威力は、40センチ砲に匹敵していたV・ベネト（下）

イギリス　三四三ミリ、三八一ミリ

と、その差は最初から最後まで縮まらなかった。

その一方で、もうひとつの大砲の能力の要素である砲身長比（口径に対する砲身の長さの比）では、ドイツ海軍は世界をリードしてきた。

第二次大戦の戦艦の主砲の砲身長比は、

一一インチ（二八三ミリ）砲　五四

一五インチ（三八一ミリ）砲　四七

という値になっている。日本海軍の大口径砲はすべて四五しかなかった。

この口径と砲身長比は、主砲の威力（命中精度、射程などを含む）と深い関係にあるので、

第２次大戦における戦艦の主砲とその威力数

国　名	口径インチ	砲身長比	砲弾重量 kg	初速 m/s	射程 km	威力数	搭載クラス名
日　本	18	45	1460	780	35.7	100	大和級　2隻
アメリカ	16	50	1230	760	33.6	99	アイオワ級　4隻
日　本	16	45	1020	780	38.3	89	長門級　2隻
アメリカ	16	45	1230	700	29.4	89	メリーランド級， ノース・カロライナ級など 12隻
イギリス	16	45	1080	750	32.0	89	ネルソン級　2隻
ドイツ	15	47	800	820	36.2	87	ビスマルク級　2隻
イタリア	15	50	890	850	39.8	93	ビットリオ・ベネト級　3隻
フランス	15	45	880	790	34.8	83	リシュリュー級　2隻
イギリス	15	42	880	730	29.3	78	ロイアル・サブリン級　10隻 レナウン級フッド　3隻
アメリカ	14	50	680	820	33.7	86	ニューメキシコ級など　12隻
日　本	14	45	670	780	32.1	78	金剛級，扶桑級など　8隻
イギリス	14	45	720	750	29.5	78	キング・ジョージ五世級　5隻
フランス	13	52	560	870	38.5	83	ダンケルク級　2隻
アメリカ	12	50	520	760	30.7	74	アラスカ級　2隻
ドイツ	11	54	330	890	36.6	73	シャルンホルスト級　2隻 ドイッチュラント級　3隻

注・威力数は口径×砲身長比で算出。大和の 18 インチ砲を 100 として指数化している。

それらを計算した表を掲げておく。

ビスマルクの八門の一五インチ砲は、砲身長比四五の一六インチ砲と同等、あるいはわずかに大きな威力を持っていたともいえる。

ロンドン海軍条約の制限にしたがって、第一次大戦とは逆にイギリス海軍は戦艦の主砲として一四インチ砲を採用した。

この結果、ビスマルクと宿敵たるキング・ジョージ五世（KG5）の攻撃力は、

○一門の威力はビスマルクが二割以上大
○KG5の一〇門という門数も勘案した場合、ほぼ同等

となる。

さて、最後の項目〝防御力〟であるが、これはどのような形で表わされるのであろうか。

もっとも数値化が難しいが、装甲の厚さ、水密区の厚さ、水密区画の数、排水量の大きさ、乗員の練度といったものが、ある程度の目安になろう。

またそのクラスに沈没艦があれば、そのさいの状況も参考にすべきであろう。

まず装甲の厚さを比較する。

	装甲A	装甲B	装甲C
ビスマルク	三六〇	三二〇	一二〇
KG5	三三〇	三八〇	一五二

（注・A／砲塔前面、B／舷側最大、C／甲板の装甲厚をミリ単位で示す）

次に浮力としての排水量と、損傷を受けた時の復旧作業に従事する人手を考え、乗組員数を比べる。

	基準排水量	乗員数
ビスマルク	四一七〇〇トン	二〇九〇名
KG5	三六七〇〇〃	一四二〇〃

一般的にいって、ドイツとアメリカの軍艦は排水量に比して乗組員の数が多い。これが軍艦を沈みにくくしているようである。

さて、これだけの字を並べてみただけでは、ビスマルク、KG5といったライバル同士の防御力は曖昧なままで、なんとなくすっきりしない。

そのため、ビスマルクとKG5級の二番艦プリンス・オブ・ウェールズ（POW）の沈没時の被害状況を見ておくことにしよう。

	POW	ビスマルク
魚雷A	七本	二本
魚雷B	なし	四本
砲弾	なし	一〇発以上
爆弾	三発	なし

（魚雷Aは航空用。ただしPOWに命中したのは日本海軍の炸薬量二五〇キログラム、ビスマルクに命中したのはイギリス海軍の炸薬量一一八キログラムの魚雷である。

魚雷Bはイギリス海軍の艦載用魚雷で、炸薬量は三二〇キログラム。

爆弾は日本海軍の五〇〇キロ爆弾となっている。

POWへの命中弾は正確に算出されているが、ビスマルクの場合、今に至るも明確ではない）

いずれも撃沈した側も無傷では済まされなかったから、これらの数値の確実性は絶対的なものではない。それでも一応の目安にはなり得る。

結論を述べれば、ビスマルクの防御力はKG5級をかなり上回っていたのではないかと思われる。

第一次大戦のジュットランド大海戦の例を見ても、ドイツの大型艦の特徴のひとつとして〝沈みにくさ〟が挙げられるのである。

これに関してはアメリカの軍艦もまた同じで、イギリス、日本を含んだ他国のものと比べて格段に沈みにくい。

これは現在に至るも同様で、エグゾセ対艦ミサイルをほぼ同一の場所に受けながら、
○フォークランド戦争（一九八二年）におけるイギリスの駆逐艦シェフィールド（四一〇〇トン）沈没
○ペルシャ湾紛争（一九八七年）におけるアメリカのフリゲイト・スターク（三六四〇トン）中破
によっても明らかといえよう。

ビスマルクの攻撃力の検討

主砲攻撃力＼クラス名	ビスマルク級	キング・ジョージ五世級	大和級（参考）	アイオワ級（参考）	ノース・カロライナ級
口径インチ（呼び径）	15	14	18	16	16
口径mm	381	356	460	406	406
砲身長比	47	45	45	50	50
威力数1	17907/100	16020/89	20700/116	20300/113	18270/102
門数	8	10	9	9	9
威力数2	800/100	810/111	1044/131	1017/127	918/115

注・威力数１：口径mm×砲身長比。威力数２：威力数１×門数。
ビスマルクを100として指数化している。

これまでドイツ、イギリスの新鋭戦艦の運動能力、攻撃力、防御力について言及してきたが、実際に闘った結果はどのようなものであったのだろうか。

本書は戦闘の様相を明らかにするのが目的ではないが、この英独の大海戦の戦闘に関しては例外的に扱いたい。

なぜなら、この海戦こそ、ちょうど一世紀だけ存在した史上最大の兵器〝戦艦〟同士による唯一とも言える闘いであったからである。

一九四一年五月二四日、北大西洋上においての海戦では、

○ドイツ側
戦艦ビスマルク　一五インチ砲八門装備
重巡洋艦プリンツ・オイゲン　八インチ砲八門

○イギリス側
戦艦プリンス・オブ・ウェールズ　一四インチ砲一〇門
巡洋戦艦フッド　一五インチ砲八門

の四隻が激突した。

巡戦フッドは一九二〇年に竣工した旧式艦ながら、排水量四二七〇〇トン、全長二六二メートル（ビスマルクは二四八メートル）と、ともにビスマルクを上まわり、当時世界最大の軍艦であった。

またPOWは竣工間もなく、一部に工員が乗り込んだままで各部の調整作業が続いていた。一方、ドイツ側の二艦は最新鋭で訓練も充分に積み、操艦、そして戦闘に自信を持っていたようである。

さて合計一六門の一五インチ砲、一〇門の一四インチ砲、八門の八インチ砲による大砲撃戦が始まったが、結果は短時間に表われた。四万二七〇〇トンの大巡洋戦艦フッドは一五キロの距離を飛翔してきたビスマルクの砲弾を受け、ほとんど一瞬にして沈没した。同艦の乗員一四一八名のうち、救助されたのはわずか三名のみである。

その後方を走っていたPOWもまたビスマルクからの三弾を受け中破、敗北を認めて退却せざるを得なかった。

ビスマルクはPOWから三ないし四発の命中弾を被ってはいたが、損傷は燃料タンクの洩れのみにとどまっている。

この闘いだけで英独の新鋭戦艦の実力を推し量るわけにはいかないが、それでもなおビスマルクの圧倒的な威力がわかる。

戦艦、巡戦各一隻を相手にし、一隻を撃沈、一隻を中破したとなれば、大勝利といってよい。

この勝利から三日のちに、ビスマルクはイギリスの大艦隊に包囲され、海中深く姿を消す運命をたどるが、白昼の大砲撃戦の勝者であった事実は変わらないのである。

このドイツ産の大海獣を仕留めるためにイギリス海軍がかき集めた兵力は、戦艦四、巡洋戦艦二、空母二、巡洋艦四、駆逐艦一二隻という莫大なものであり、これではいかに強力なビスマルクと言えども勝敗は戦う前から明らかであった。

結論

日本の戦艦大和、武蔵、アメリカのアイオワ級四隻を別にすれば、ビスマルク級二隻は最強の戦艦という評価に値する。

ほぼ同時期に誕生したイギリスのキング・ジョージ五世は、これに比べた場合一段格下の戦艦であった。

ドイツ戦艦の主砲の口径は一五インチであったが、イタリア、フランス、イギリスの一五インチ砲、アメリカの一六インチ四五砲身長砲より明らかに威力が大きかったと見るべきである。

しかしながらビスマルクの姉妹艦ティルピッツは最初から最後までイギリス海軍を恐れ、

一度として積極的な攻撃に出ることなく終わってしまった。いかに高性能、高威力の兵器であっても、用兵者の闘志が貧弱であれば、全く役に立たないという好例であった。

二、シャルンホルスト級巡洋戦艦

日米海軍はあまり興味を示さなかったものの、フランス、イギリス、ドイツの海軍は第一次大戦直前から巡洋戦艦の開発と保有に力を入れてきた。すでに述べたように巡戦の攻撃力、防御力は戦艦より低いかわりに、速力、運動性においては数段優れている。

第二次大戦では、

イギリス　三隻（フッド、レナウン級二隻）
ドイツ　二隻（シャルンホルスト級）
フランス　二隻（ダンケルク級）

がそれなりの活躍をみせている。

日本の金剛級四隻、アメリカのアラスカ級二隻も巡洋戦艦と呼べなくもないが、正式な分類として前者は高速戦艦、後者は大型巡洋艦となっている。

このうちダンケルク級二隻は戦争の初期にイギリス艦隊と闘っただけで、その後激戦を経験せずに解体への道をたどった。

しかしドイツの二隻、シャルンホルストとグナイゼナウは、兵力から見て圧倒的なイギリス海軍を相手に奮戦する。

通商破壊戦、そして空母グローリアス撃沈など、この〝仲良しペア〟と呼ばれた二艦はい

32ノットの高速を生かして、通商破壊戦に活躍したシャルンホルスト(上)、４連装の主砲２基を前部に集中したダンケルク(中)、攻・走・守のバランスのとれたレナウン(下)

つも揃って行動し、大きな戦果を挙げた。

シャルンホルスト級の出力は大和、ビスマルクを凌ぐ一六・五万馬力！　したがって速力は三二ノットと非常に高速である。

数年後に誕生するアラスカ級、アイオワ級を除けば、世界最高速の戦艦であった。

この速力が戦争の中頃までの活躍の原動力となった。

防御力も別掲の表のごとく、ダンケルク級、レナウン級、フッドよりずっと大きく、また高速戦艦金剛級さえ問題にならない。

しかしシャルンホルスト級の弱点は、九門の主砲の口径にあった。

三万トンを超す排水量にもかかわらず、主砲、その砲塔は一万トンのポケット戦艦と同じもので、口径はわずかに一一インチ。

たしかに砲身長は五四と、戦艦の主砲のうちでは最大（最長）の値となってはいるが、やはり口径が小さすぎた。

言い変えれば、シャルンホルスト級は攻撃力がはるかに小さいビスマルク級戦艦とも呼び得る軍艦なのである。

ダンケルク級でも一三インチ、レナウン級は一五インチであるから、やはり完成を遅らせても一五インチ砲を搭載すべきであった。

九門の一一インチ砲（三連装の砲塔三基）のかわりに、六門の一五インチ砲（連装砲塔三基）に換装する計画もあるにはあったが、最後まで実施されることはなかった。

新鋭の巡洋戦艦の比較

要目・性能 ＼ クラス名	シャルンホルスト級	ダンケルク級	アラスカ級	レナウン級
	ドイツ	フランス	アメリカ	イギリス
基準排水量 トン	31900	26500	29800	32000
満載排水量 トン	38200	32000	35800	37100
全長 m	230	215	246	242
全幅 m	30.0	31.1	27.8	27.4
吃水 m	8.2	8.7	9.7	7.8
軸数	3	4	4	4
出力×10^4 HP	16.5	11.3	15.0	13.0
速力 ノット	32	30	33	29
航続力	17ノットで 1万海里	17 1.6万	16 1.4万	15 1.8万
主砲口径 cm×門数	28×9	33×8	30×9	38×6
副砲口径 cm×門数	15×12	13×16	12.7×12	11.4×20
対空砲口径 cm×門数	10×14 3.7×16	3.7×8	4.0×56	4.0×24
装甲最厚部 mm	360	330	330	280
〃 舷側部 mm	350	240	230	230
搭載航空機	4	3	4	なし
出力排水量比 HP/トン	5.17	4.26	5.03	4.06
乗員数 名	1840	1430	1520	970
1番艦の竣工年月	1939年1月	1937/4	1944/6	1916/9
同型艦数	1	1	1	1
備考				データは改装後

この主砲の口径の小ささは、二隻の艦長にイギリスの大口径砲搭載艦への劣等感を生じさせたとも言われている。

一九四〇年四月九日、ノルウェー沖で、

４種の巡戦の攻撃力の比較

主砲攻撃力＼クラス名	シャルンホルスト級	ダンケルク級	アラスカ級	レナウン級
口径インチ（呼び径）	11	13	12	15
口径 mm	280	333	304	381
砲身長比	54.5	52	50	42
威力数１	15260/100	17160/112	15200/100	16002/105
門数	9	8	9	6
威力数２	900/100	896/100	900/100	630/70

注・威力数１：口径 mm×砲身長比。
　　威力数２：威力数１×門数。いずれもシャルンホルストを100として指数化している。

ドイツ側シャルンホルスト級二隻、駆逐艦四隻

イギリス側　巡戦レナウン　駆逐艦三隻

が交戦（ウェスト・フィヨルド海戦）したさい、戦場を先に離脱したのはドイツ巡戦部隊であった。

戦力的には相手の二倍であったにもかかわらず、戦いを避けたのである。

レナウンは一時間にわたってドイツ艦隊を追跡したが、結局その後交戦には至らなかった。

一五インチ砲六門装備のレナウンの艦齢は二四年、かなりの旧式艦である。

それでも二隻のドイツ巡戦は戦闘を放棄している。戦略、戦術的な理由があったとしてもあまり褒められた話ではない。

第二次大戦中のドイツ海軍の大型艦が、ビスマルクを例外として積極的に攻撃を仕掛けることは少なかった。

またシャルンホルストは一九四三年一二月二六日、イギリス戦艦デューク・オブ・ヨーク（ＫＧ５級三番艦）

と交戦、ついに撃沈される。

このさいにはレーダーの性能、そして指揮官、乗員の技量に大差があり、史上もっとも美しいスタイルの軍艦といわれたシャルンホルストは一方的に打ちのめされたのである。

闘い方によっては、シャルンホルストはなんとかKG5級に対抗できたはずなのだが、この頃には軍艦自体の能力よりも、捜索、射撃レーダーの能力が戦闘の行方を握っていた。

この点に関しては別項で詳しく述べていきたい。

結論

別表で見るかぎり、シャルンホルスト級は史上でもっとも強力な巡洋戦艦であった。

ただし主砲は、たとえ就役が遅れたとしても一五インチ砲を搭載すべきだったと思われる。

大型艦の機関に関していえば、当時のドイツの技術は世界の最先端をいっていた。だからこそ三万トンを超すシャルンホルストの速力が三二ノットに達したのである。

ドイツ海軍の指揮官たちがもう少し勇気をもって闘っていれば、この美しい巡戦はより多くの戦果を挙げ得たものと思われる。

その他の水上艦

ドイツ海軍の水上艦について述べるが、ここでは巡洋艦の評価は省いている。

この理由は、重巡洋艦についてはアドミラル・ヒッパー級三隻のみしかなく、そのうえこの三隻は本格的な戦闘を経験しないまま生涯を終えているからである。

またこの点では軽巡洋艦四級六隻も同様であって、日、米、英海軍の巡洋艦のように敵の艦隊と戦闘を演じたことは一度としてなかった。

正確な記録とは言えないが、ドイツの巡洋艦九隻のうち、敵の水上艦からの砲撃、魚雷を受けたものは一隻も存在しなかったのではあるまいか。

それはともかく、列強海軍の巡洋艦の数を比べてみると、

日本　四〇隻
アメリカ　五九〃
イギリス　七七〃
フランス　二二〃
イタリア　二五〃
ソ連　七〃

であって、わずか九隻のドイツ海軍はソ連と共にまさに弱体の一言に尽きる。

（注・巡洋艦の数は数え方によって多少異なる）

この数の差による被圧迫感は常にドイツ海軍を消極的にしてしまい、巡洋艦の活躍を自ら封じ込んでしまったのであった。

それでは次に他の三つの艦種の評価を行なうことにしよう。

一、駆逐艦

ドイツ海軍は一九三四年から航洋型の駆逐艦の建造に着手し、六級三八隻を完成させた。これらの基準排水量はすべて二二〇〇トンを超えており、列強の駆逐艦と比較して一、二割大型であった。

また機関出力は七万馬力であるから、これまた五万馬力前後の他国のものより四割も多い。当然速力は三八ノットと、日、米、英の駆逐艦より二、三ノット大きくなっている。

Z1からZ35と、通し番号のついた大型駆逐艦は――少なくとも緒戦から一、二年の間は――大いに活躍する。

またZ1～Z22までは一二・七センチ砲、以下はなんと軽巡なみの一五センチ砲を搭載していた。

たとえば最大（二六〇〇トン）のZ31型の場合、一五センチ連装砲一基、単装砲三基、計五門といった具合である。

一二・七センチ砲と一五センチ砲の砲弾の威力を比べると、後者が四割がた大きい。

ただし現実の問題として、船体の重心が高くなりすぎ、航洋性能（凌波性、旋回性）は低下してしまった。そのうえ砲弾の人力装塡が困難となり、一部は再度一二・七センチ砲に戻すという不手際を露呈することになる。

またドイツ駆逐艦の砲塔は密閉タイプではなく、時化た海面での操作のさいには少なから

新技術を導入し、高性能を目指したＺ駆逐艦(上)、ノルウェー海戦で、独駆逐艦を相手に奮戦したトライバル級(下)

ず危険が伴なった。

しかしこれらのマイナス面はあったものの、他の部分では非常に凝った設計が取り入れられていたようである。それらは、㈠船体の揺れを小さくするための減揺タンク㈡機関部を保護するための二重隔壁、左右の機械室の完全分離などである。いずれも建造費の高騰を覚悟し、軍艦としての能力の向上を目指していた。

またレーダーはともかく、光学兵器は世界最高水準のものを装備していたと考えてよい。

ドイツ駆逐艦がもっとも華々しく闘い、かつ大きな戦果を挙げたのは、戦争初期のノルウェーをめぐる闘いである。

ドイツ海軍の軽艦艇

要目など ＼ 艦種	駆逐艦 A	駆逐艦 B	水雷艇	掃海艇
記　号	Z	ZH	T	M
基準排水量 トン	2350	1200	900	650
全長　m	125	105	85	62
全幅　m	12.0	10.5	8.0	8.5
吃水　m	3.8	2.6	2.5	2.5
機関出力 千馬力	70	45	35	4
速力　kt	38	36	30	17
主砲口径 cm	12.7 15	12	10.5 12	10.5
主砲門数	4～5	3～4	2～4	2
魚雷発射管 門数	IV×2	←	II×2	なし
乗組　名	250	220	170	60
同型艦数	35	2	50	不明
就役年度　年	1937	1940	1940	1941

しかしながら戦闘力のより低いイギリス駆逐艦との戦いにおいても、結果は必ずしも芳しくなかった。

これは乗員の練度が劣っていたものと考えられる。

中期以降は他の水上艦と同様に港にとじこもることが多く、たまに出撃してもその行動は消極的であった。

一九四二年一二月のバレンツ海海戦

一九四三年一二月のノース・ケープ沖海戦

といった大海戦に参加しながら、ドイツ駆逐艦は戦果皆無に近いという結果に終わっている。

一方、より小型のイギリス駆逐艦は、大荒れの北大西洋で大いに活躍した。

結果論になるが、ドイツ海軍の水上艦はごく一部（たとえば戦艦ビスマルク、巡洋戦艦シャルンホルストなど）を除いて、その実力を発揮しないまま消えていったのであった。

二、水雷艇

第二次大戦中に排水量一〇〇〇トン前後の水雷艇を五〇隻あまり建造し、実戦に投入したのはドイツ海軍だけである。

すでに〝水雷艇〟という単語自体が死語に近く、小型駆逐艦／フリゲイトと呼ぶべきかも知れない。

ドイツ海軍の水雷艇の主力は、

T1級　一二隻
T13級　九隻
T22級　一五隻

であった。このうちT22級は排水量一三〇〇トン、全長一〇三メートル、機関出力三・二万馬力、速力三三ノットで、かなり有力な小型駆逐艦であった。

主砲口径こそ一〇・五センチと大きくないが、魚雷を六本も搭載し、総合的な戦闘力も高い。

これと比較すべきは、

イギリス海軍　ベッズワース級護衛駆逐艦
アメリカ海軍　エバーツ級護衛駆逐艦

日本海軍　松級（丁《てい》型）駆逐艦

であろうか。

（注・日本は千鳥級〈型〉四隻〈排水量六〇〇トン〉、鴻《おおとり》級〈型〉八隻〈八四〇トン〉の〝水雷艇〟を建造しているが、T22級と比較すると小さすぎる）

これら四種の小型／護衛駆逐艦の要目と性能を別表に示すが、これをみてもドイツの大型水雷艇がかなり本格的な軍艦であった事実がわかろう。

ただしこの艦種全般を見渡すとき、ドイツ海軍の水雷艇建造に関する〝迷い〟がみてとれるのである。

水雷艇というものの位置付け、またその能力、用法といった面が明らかに把握できず、それに加えて、

㈠　駆逐艦との区分、役割分担をどうすべきか

㈡　どのような水雷艇を建造すべきか

といった点について、最後まできちんとした検討が行なわれないままであった。

そのためドイツの水雷艇は、小は六〇〇トンから大は一二九〇トンまで六種にわたり約五〇隻が造られた。

主砲の口径も一〇、一〇・五、一二センチが混在している。

これと対照的なのが、アメリカのDE（デストロイヤー・エスコート／護衛駆逐艦）である。

初期のエバーツ級をみていくと、ドイツとは全く逆の、きわめて割り切った設計方針がは

っきりと見える。まず最初に、「駆逐艦（フレッチャー級）と護衛駆逐艦とは全く別の艦種」ということである。

大型で高価だったT22型水雷艇(上)と、大量生産向きで対Uボート戦闘に活躍した英海軍ベッズワース級護衛駆逐艦

両艦の要目、性能を表からみていくと、この状況が明確に浮かび上がってくる。

護衛駆逐艦の能力はこの程度でよいのだ、とするアメリカ海軍の卓見は——正規空母と護衛空母の関係と同様に——充分評価しなければならない。アメリカ以外の海軍は、どうもこのようなすっきりとした割り切り方ができなかったと言えるのではないか。

駆逐艦とは全く別の艦種であるという設計思想の米海軍エバーツ級護衛駆逐艦(上)と、戦訓を大幅に取り入れた松型

一言で述べれば、「ドイツの水雷艇群については、その存在理由が曖昧」であって、これが五〇隻を擁しながら充分に活躍できなかった最大の原因であった。

三、掃海艇／Mボート

ドイツ海軍は〝Mボート〟と呼ばれる艦艇を実に一三〇隻近く建造した。

これは一応掃海艇に分類されているが、その用途は機雷の敷設／除去だけでなく、多種多様であった。

Mボートの概要としては排水量六〇〇トン、全長六〇メートル、機関出力二五〇〇馬力、速力は一七ノット程度である。

各国の小型/護衛駆逐艦

要目など＼クラス名	T 22級	松級	ベッズワース級	エバーツ級	フレッチャー級
	ドイツ	日本	イギリス	アメリカ	アメリカ
基準排水量　トン	1290	1260	1050	1150	2050
全長　m	103	100	86	88	115
全幅　m	10.0	9.4	9.6	10.7	12.0
機関出力　万HP	3.2	1.9	1.9	0.6	6.0
速力　kt	33	27	25	21	37
主砲口径　cm×門数	10.5×4	12.7×3	10.2×6	7.6×3	12.7×5
魚雷発射管　門数	6	4	4	なし	10
乗員数　名	170	210	180	170	300
同型艦数	15	32	36	50	175
就役年度	1944	1944	1940	1943	1942

注・それぞれの艦の要目は，少しずつ異なる。ここでは前期型の数値を示す。
参考としてフレッチャー級を掲げている。

これらの数値からもわかるとおり、軍艦としてはきわめて弱体、非力といえよう。なかには重油不足を見越して、石炭焚きのものさえあった。この場合の速力は最大でも一五ノットにすぎない。

まさに大型漁船に毛の生えたような軍艦Mボートであるが、バルト海、黒海、北海沿岸の戦いにおいては、意外なほどの活躍を見せる。

先の機雷敷設および掃海はもちろん、

○三七ミリ、二〇ミリ機関砲を多数搭載した対空砲艦

○潜水艦の掃討

○輸送船団のエスコート

○物資、兵員の輸送

○迫撃砲、ロケット砲を載せての対地砲撃

など、海の働き馬としてMボートは休む間もなく動きまわった。

機雷の敷設や掃海のほか、船団護衛や哨戒などの多種多様な任務についたMボート(上)と、機動掃海艇Rボート(下)

これに加えて一部はUボート、Sボート、Rボート（後述）の母船としても、重用されている。

このMボートについてイギリスの専門家は、

『もっとも活躍したドイツ水上艦』という評価さえ与えているのであった。

低性能のMボートが予想以上に役立った理由は、

㈠　船体のスペースに余裕があり、各種の装備追加が可能であったこと

㈡　あまり高度な能力をはじめから期待せず、量産性と使いやすさに重点をおいて建造されたこと

であろうか。

四、機動掃海艇Rボート

Mボートをそのまま小型化した小艇が〝Rボート〟で、初期型は排水量六〇トン、全長二六メートル、機関出力七〇〇馬力、速力一七ノットとなっている。

その後、大きさは約二倍に、速力は一・五倍まで増強されたが、少々大型のモーターボート／ランチといった印象には変わりない。

Rボートの任務は、掃海ということになっているが、それには明らかに小さすぎた。

標準的な兵装は、

三七ミリ単装砲　一門

二〇ミリ単装・連装機関砲　三〜四門

であるから、機動掃海艇という名より砲艇の方がふさわしいような気がする。

このRボートは、普通のスクリュープロペラの代わりにフォイト・シュナイダー・プロペラを装備していた。これは複数の長いブレードを丸い基板に垂直に取り付けた、特異な推進装置である。速力は小さくなるが、その反面操縦性が向上し、推力も増加する。

いまに至るもRボートの建造数は明らかでない。多分一〇〇から三〇〇隻の間といったところであろう。

用途はMボートと同様に、対空、哨戒、輸送、連絡などなんでもこなしている。

ただし排水量からいっても外洋で使うのは無理で、活躍の場はもっぱら内水域であった。

結論

ドイツ海軍の大型水上艦、

戦艦　二隻

巡洋戦艦　二隻

ポケット戦艦　三隻

重巡洋艦三隻

は、それぞれに強力な軍艦ではあったが、戦艦ビスマルク、巡戦シャルンホルストを除くと、期待されたとおりの活躍をしたものは少ない。

これは軽巡、駆逐艦、水雷艇に関しても同様で、これらが奮戦した海戦はごく僅かである。

たとえば緒戦における、

第一次、第二次ナルビク海戦　一九四〇年四月

を別にして、軽艦艇でさえ働いた記録を探し出すのは難しい。

これに対してMボート、Rボート、Sボートといった小艇群は戦局を覆すような力は持たないものの、それなりの活躍ぶりであった。

もともと水上艦艇の数からいって、ドイツ海軍は、アメリカ、イギリス、日本の三大海軍国はもちろん、フランス、イタリアと比べてさえ弱体であった。

それは、第二次大戦の勃発を知った当時の海軍司令長官が思わず述べた、

「我々に出来得るのは、せいぜい祖国のため勇敢に闘って死ぬということを知っていると、敵側に示すのみである」

といった言葉に集約される。

より具体的には、Uボート以外にイギリス海軍に打撃を与える手段は存在しなかったのである。

このように見ていくかぎり、ドイツ海軍の水上戦闘艦隊は結局のところ、イギリスにとって大きな脅威とはならないままであった。

一九三九年九月の時点で対英全面戦争が始まると判っていれば、ドイツ海軍が揃えるべきは、

「大量のUボートと小型艦艇」

であったような気さえする。

潜水艦／Uボート

ナチス・ドイツとの全面戦争において、イギリスがもっとも脅威を感じていたのは敵の潜水艦であった。

第一次大戦の時と同じように、〝Uボート〟と呼ばれたイギリス海軍の潜水艦は、島国イ

ギリスの息の根を止めようと大いに暴れまわる。
カナダ、アメリカ、アジア、アフリカから軍需品、生活物資を運び込もうとする輸送船団はもちろん、イギリス本国艦隊に属する戦艦まで「灰色狼」と呼ばれたUボートによって次々と撃沈されたのである。
とくに戦争勃発からの約二年間、英海軍の対潜水艦戦術は拙劣で、戦果は少なかった。灰色狼たちは東大西洋はもちろん、アメリカ本土の沿岸まで進出し、商船を片っ端から沈めていく。
この時期こそまさにUボートの黄金時代と言えたのである。
ドイツ海軍はこの戦争中、航洋型潜水艦のみに限っても一一六二隻を建造した。
（注・航洋型とは外洋において一定期間行動できる、潜航艇以外の潜水艦を指している）
日本海軍の伊号、呂号潜水艦の建造数が二四〇隻前後であるから、約五倍となる。
主な戦場であった大西洋の面積は太平洋と比べて半分程度であり、したがって会敵、交戦の機会はずっと多かった。
一九四二年に入ると、イギリス海軍はアメリカの援助を受けて、
㈠　対潜行動に従事する艦艇数の増強
㈡　種々の対潜兵器の開発と実用化
㈢　新しい戦術の採用
などに乗り出す。これは間もなく大きな成果を挙げ、精強を誇ったUボート部隊は大打撃

を受ける。

ドイツ海軍は総力を挙げて戦力の回復、戦果の拡大を目指すものの、昔日の勢いを取り戻すのは難しかった。

もっとも空中戦、水上艦同士の戦いのような華やかさとは無縁な海面下の戦闘では、それら以上の科学技術、軍事技術の壮絶な競争が続けられていた。それは決して戦争の表舞台で繰り広げられたものではないが、互いの国家の運命が賭けられていたのであった。

ヨーロッパにおける戦争が幕を閉じるまで、

狩り立てられる羊（輸送船、商船）

それらを狩り立てる狼（Uボート）

鋭い牙を持つ牧羊犬（護衛艦艇）

は、それぞれ莫大な犠牲を払って、自己の任務を遂行しようと努力した。

この詳細を知るとき、戦争の善悪といった単純な分析以上に、人類の勝敗というものに対する執念を感じとることができる。

最終決算として、運合軍側は、

撃沈された輸送船、商船の数　　二六〇三隻

〃　　総トン数　一三五〇万トン

乗組員の戦死者の数　　四・一万人

撃沈された軍艦の数　　一七五隻

といった大きな損害を出している。

他方、Uボート部隊の犠牲も大きく、

失われたUボートの数　　　　　　　七八四隻

乗組員の戦死者数　　　　　　　二・八万人

であった。

また終戦時には約四〇〇隻のUボートが残っていたが、このうちの一五〇隻が降伏、二二〇隻が自沈している。

それでは早速〝灰色狼たち〟の身上調査を開始するが、それに加えてドイツ海軍の新型潜水艦の評価、両軍のこの分野の新兵器開発状況についても触れていきたい。なぜなら潜水艦との戦いにおける研究心不足の日本海軍との違いが、ここで明確に表われるからである。

一、Uボート7C型の評価

第二次大戦のさいのドイツ海軍の潜水艦を取り上げようとするならば、わずかに一艦種に言及すれば事足りるような気がする。

これは一一六〇隻建造されたうちの六割（七〇二隻）が、7C型（正確にはⅦCと書く）で占められているからである。

このため本項ではこれを中心に話を進めていくことにしよう。

先に記したごとく主戦場である大西洋が太平洋と比較して面積的に狭いから、Uボート自体も日本、アメリカの潜水艦と比べてかなり小型である。

	全長（m）	水上排水量（トン）	乗員（名）
日本・呂号35型	八一	九六〇	八〇
日本・海大七型	一〇六	一六三〇	八六
米・ガトー級	九五	一五三〇	八〇
独・7C型	六七	七七〇	四四

といったように、日本海軍の呂号、アメリカ海軍のガトー級よりも、かなり小さい。

このあとの記述では、海大型を除いた三種を随時比較しながら進めていく。

これはUボート全体に言えることだが、ドイツの潜水艦はイギリス、フランス、イタリアのものと比べても小型である。

それ以外の特徴を示すと、次のようになる。

㈠乗組員の数が少ない。このため一人当たりの負担は大きくなる。その反面、撃沈されたときの人的損失は小さくてすむ
㈡水上速力一七ノット（三一・五キロ／時）と、呂号、ガトー級と比べて少々遅い。水中速力は八ノット前後で同等である。

㈢小型であるにもかかわらず、魚雷の搭載数は他の二種と同じ

㈣　水中における行動力（ここでは速度に航続距離を乗じた数値で示す）は、

7C型　三二〇

呂号　二三〇

航洋型潜水艦として最小サイズにまとめたU7C型（上）、Uボートの運用思想と共通しているガトー級(中)、戦時急造型として計画されたが、少数生産で終わった呂35型(下)

ガトー級　　二〇〇
と、圧倒的にUボートが優れている
(五)　意外に論じられていないが、Uボートの予備浮力はきわめて小さい
少々複雑になるが、この(五)の点を検証してみよう。

	BマイナスA	C／A
呂号	四九〇トン	五一パーセント
ガトー級	八九〇〃	五八〃
7C型	一〇〇〃	一〇〃

水上排水量をA、水中排水量をB、そしてその差をCとする。簡単に言ってしまえば、浮上中の潜水艦は艦内にCの海水を入れ、潜行することになる。

そしてこのCと水上排水量の割合をC／Aで示す。

呂号、ガトー級が五〇パーセントを超えているのに、7C型はわずかに一三パーセントにすぎない。

つまりUボートの予備浮力は必要ギリギリなところまで切りつめられている。

これは何を意味するのであろうか。

著者はこの分野の専門家ではないので、一般的な見方しかできないが、浮力が小さいということは、

『水上航行時の性能低下を知りながら、浮上、潜航に要する時間の短縮』

を目指しているのではないかと推測する。

つまりバラストタンクの、
○潜水／潜没のための海水流入量
○浮上のための海水排出量
を極力おさえることが重要と考えているのである。

言い換えればUボートの機敏性？に、予備浮力の小さなことが貢献しているのであった。

それは危険と隣り合わせであって、乗組員の練度が充分でないと、重大な事故に直結する。

その意味からUボートこそ〝プロが乗る潜水艦〟と言えるのではあるまいか。


これらの事柄から、Uボートは戦闘力の高い、比較的小型の潜水艦と評価できる。

しかし一九三九年九月から三年間――楽な戦いが続いていたこともあって――ドイツ海軍はUボートの改良の努力を怠っていたのではないかと思われるふしがある。

しばらくの間、これを検証してみたい。

潜水艦にとってもっとも重要な性能は、水中における運動性である。

攻撃のさいも、または攻撃後の退避のさいにも、水中を素早く移動できることが潜水艦にとって必須の条件といえよう。

それにもかかわらず、一九四一年末の段階ですでに無用の長物となっている甲板上の大砲（高射砲の改造タイプ・八八ミリ口径）を取りはずそうとしなかった。

また艦橋まわりの構造も、抵抗軽減の工夫が全くなされていない。

これはアメリカのガトー級も似たり寄ったりで、かえって日本海軍の方が進んでいた。

戦争が激化していくと考えれば、

○甲板上の大砲の撤去

○艦橋構造物の(現在ではセイルと呼ばれる)の低抵抗化(いわゆる流線形の採用)

を実施するだけで、水中速度は二ノット程度、また航続距離も一割以上向上したはずである。さらに水中走行時における騒音も大幅に減少するのは間違いない。

もともと水中を走る潜水艦は、バッテリーとモーターを動力源とする。

狭い潜水艦の艦内に積み込める蓄電池の容量などたかが知れているから、水中速力、航続力ともきわめて低い。

7C型の場合、

速力七・五ノットで二〇海里

速力四ノットで八〇海里

にすぎないのである。このさいの一、二ノットの向上がいかに重要か、数字は如実に示している。

だからこそ前記二点の改良がどうしても必要だったのである。

たとえ潜水艦が大砲を装備していたところで、浮上して水上砲戦となったらその時点でもう勝ち目は少ない。

戦時にあっては商船も武装しており、それだけではなく、イギリス海軍は船長に対して、「浮上砲戦を挑んでくるUボートに対しては、躊躇することなく、〝衝撃〟を実施せよ」という命令を下していた。

衝撃とは体当たり、という意味である。

商船と潜水艦では浮力の大きさが全く違うから、衝撃すれば後者の不利は明らかであった。

この意味からも、大西洋の戦いにおいて潜水艦の持つ大砲は、その価値を失っていた。

にもかかわらずドイツ海軍は、それを撤去するのに二の足を踏んでいた。

結論

7C型を代表とするUボートが、優れた潜水艦であったことは疑う余地のない事実である。たんに兵器という点から比較すれば、列強の潜水艦の中で最良のものともいえる。

しかし緒戦から戦争中期にかけて楽な戦いを続け、戦果も上がっていたこともあって、その改良作業は遅々として進まなかった。

推進ユニットをそのままに水中抵抗の軽減をはかるだけでも、かなりの性能向上を望めたはずである。

これに関していえば、Uボートがドイツ海軍の主力兵器であっただけに残念でならない。

一九四一年末の時点で、水中給気システム（シュノーケル・後述）を持ち、低抵抗型のUボートを生産すれば『大西洋の戦い』の様相は少なからず変わっていたのである。

（注・大西洋の戦い：一九四〇年のイギリス本土上空の大空中戦バトル・オブ・ブリテンに相当する呼び方。Battle of Atlantic）

二、新型潜水艦の登場

一九四三年以後、連合軍（主としてイギリス）にあたえ得る脅威は、わずかにV号兵器と潜水艦のみになってしまったと考えたドイツ海軍は、従来のものとは全く異なった新型潜水艦を開発する。

しかし戦時中とあって次々と新しいタイプが生まれているので、そのすべてについて言及するのは困難である。

そのためUボート21型（XXI型）に的を絞って話を進めることにしよう。

大西洋の戦いが連合軍側にとって有利に進み、Uボートの活動は大幅に制限されつつあった。

いかに戦術を変更し、乗組員の闘志をかき立てたところで、連合軍の対潜艦艇は一層圧力を強めてくるのである。

もはや画期的な潜水艦を早急に開発しないかぎり、輸送船団撃滅という目的は達成させられない。

ここにおいてようやく登場したのが21型であった。

一九四四年一一月、ドイツ敗戦の約半年前に完成したこのUボートは、それ以外の潜水艦

UXXI型とUVIIC型の比較

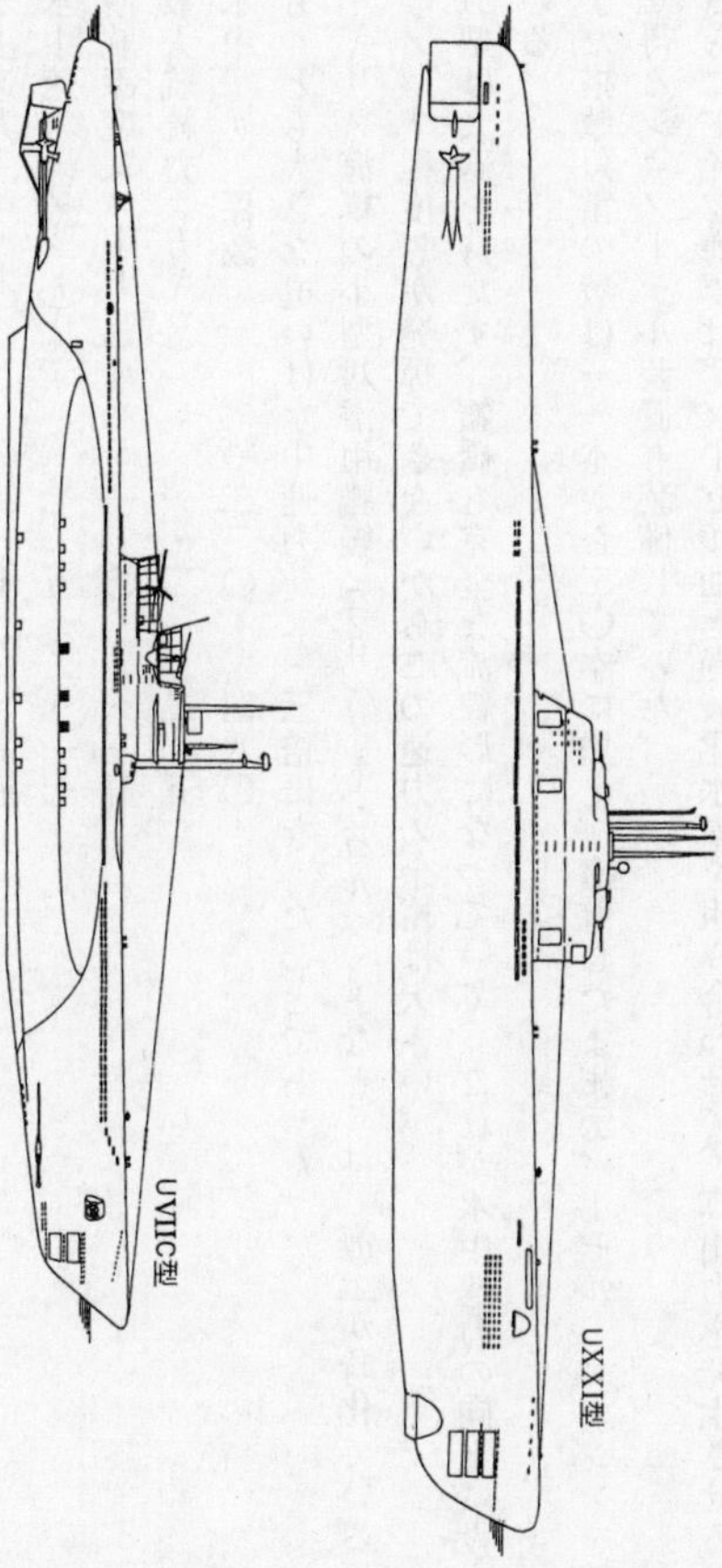

作図・石橋孝夫

を一挙に時代遅れにしてしまうほどの能力を持っていた。旧来の7C型と比較すると、それははっきりと数字に表われる。

	7C型	21型
水上速力（ノット）	一七	一五
水中速力（ノット）	七・五	一七
潜航深度（メートル）	一二〇	一三五
最大航続力（万キロ）	一・二	二・五
水中〃係数	一二〇	四八〇

もっとも大きな違いは水中速力が二・三倍になったことであった。

イギリス海軍の小型対潜用艦艇（フリゲイト、コルベットなど）は、海上が時化ている場合一〇ノット程度しか発揮できないからこの速力の余裕は大きい。

21型は大砲を持たず、艦橋も完全な流線形になっていて、これが水中速力の向上に役立っている。

また搭載魚雷の数は一一本から二〇本に増え、潜航したままディーゼル・エンジンを稼動させ得るシュノーケル装置も装備していた。

さらにドイツ海軍はディーゼル油と過酸化水素を組み合わせて、高出力を発生させる〝ワルター・タービン〟エンジンの開発にも成功していた。

このエンジンは外部から酸素を供給する必要もなく、また単位重量当たりディーゼルの三

○倍近い出力を発揮する。その分燃料の消費も多いが、緊急の場合にはもっとも頼りになるシステムであった。

原子力の利用以前にあって、ワルター・タービンは潜水艦用としてもっとも優れた原動機と考えられていた。

しかしこちらの方は、ついに戦争に間に合わないままに終わる。

21型は兵器および機械類にとって避けることのできない初期故障に悩まされたものの、ようやく実力を表わしはじめるものと期待されていた。

これに対して水上／水中排水量八五〇／九五〇トンの26型（XXVI）が開発された。

まだワルター・タービンのみの推進には不安が残り、ディーゼル、電気モーター、ワルター・エンジンの複合システムである。

しかしこの26型は、ごく短時間なら実に二五ノットという驚異的な水中速力を発揮し得た。

この〝短時間〟が具体的にどれだけの時間であるのか、はっきりしない。

多分三〇分か、それ以内と推測されるが、それにしても信じられないほどの高速力である。

現在、海上自衛隊が保有している最新型の潜水艦はるしお級の水中速力が二〇ノットであることから考えても、この数字は驚くに値する。

当時の技術でみるかぎり、電池と電気モーターの組み合わせではとうてい不可能であって、高圧ガスによってタービンを駆動するワルター機関の威力と言えよう。

ここにおいてドイツ海軍は、

航洋タイプの新型潜水艦21、26型
沿洋作戦用の23、26型
を揃え、戦力を一新する。

しかし――。

時はあまりに無情であった。

21型、そして26型の実戦参加は、なんと終戦一ヵ月前の一九四五年四月になってしまった。

次々と出撃した新型潜水艦も、挙げ得た戦果はごくわずかであった。

だいたい出撃する基地の大部分が連合軍に占領され、他の基地は爆撃によりその役割を果たせなくなっていたのである。

それでもなお新型潜水艦の性能を如実に示すエピソードが残されている。

23型のU2336は、終戦直前に厳重に護衛されたイギリス軍輸送船二隻を撃沈した。

このさい多数のフリゲイト、駆逐艦が随伴していたにもかかわらず、Uボートを捕捉した英艦は皆無であった。

またU2511はイギリスの艦隊に凝似攻撃行動を実施したが、このさいにもベテランであるはずのエスコート部隊に全く探知されていない。

アメリカのガトー級およびその改良型であるテンチ級と比較しても、ドイツ海軍の新型潜水艦は格段に進歩していた。

21、23、26型Uボートと比べた場合、日本海軍の潜水艦は確実に見劣りがする。
また後述する各種の装備の面でもその差は大きかった。

戦後、各国はこのUボートを研究したが、その結果大砲は消え艦橋の形状は大幅に流線形化されている。

結論

ドイツの潜水艦は大西洋で、日本の潜水艦は太平洋で、それぞれ強大な敵を相手に苦闘を続け、多大な犠牲を支払った。

しかしその対応策となると大きく相違し、ドイツは徹底的に新技術を追求し、時期的には間に合わなかったものの、全く新しい潜水艦を誕生させた。

このUボートは各国の戦後の潜水艦設計に想像以上の影響をあたえている。

それどころか、つきつめてみれば潜水艦の形状は21型以来すべて同じになってしまったのである。

一方、日本海軍は人間の乗り込む魚雷〝回天〟に代表される特攻・体当たり戦術に移行してしまった。

国家としての技術水準の違いは厳然として存在したものの、技術者の一人としてはやはり寂しい気持をおさえられない。

この点、敗れはしたがドイツ海軍の潜水艦設計陣は、敗戦のさいにも誇りを失わずにいられたはずである。

彼らの開発した潜水艦は疑う余地もなく世界最高の性能を持っており、現代の潜水艦の基礎を築いたのであるから……。

潜水艦をめぐる新技術の検討

先に述べたとおり、戦争の中頃においてドイツがイギリスを屈服させ得るほとんど唯一の手段がUボートによる海上封鎖であった。

そのため攻めるドイツ海軍、守るイギリス海軍は、日本と同様に大陸に寄りそって存在する島国の〝シーレーン〟をめぐって闘い続ける。

それは結果として、ASW（潜水艦／対潜水艦作戦）分野の兵器を著しく発展させた。
○ドイツ海軍は少しでも高性能の潜水艦の建造
○イギリス海軍は少しでも効果的な対潜兵器の実用化
にしのぎを削り、国家の運命を賭けたのである。

今から振り返るとこの技術競争は——多分に不謹慎であるが——技術者にとって興味が尽きないものといえる。

ふたつの先進国が自《みずか》らの存亡を賭けて、頭脳を振り絞り、持てる最新技術を駆使して新しい兵器を開発、実用化する。

平時と違い、その兵器が有効かどうかは実戦の場で短時間に証明されるから、技術者の能力がまるでスポーツ競技のごとく明確に表われてしまう。

しかもそれは、乗用車のデザインなどとは全く異なり、そのまま自国民の生命に深く係わり合うことになるのであった。

しかし、この分野の技術はあまりに専門的にすぎ、著者にとっても完全に理解するのは困難であると、まず最初に告白しておこう。

種々のレーダー、その逆探知装置、ソノブイ、ソナー（後述）、磁気探知、無音モーター、集音分析など、兵器の構造、原理から徐々に勉強していかないと全貌はなかなかわからない。

人間的な要素が大きかった第一次大戦（一九一四～一八年）と比較すると、第二次大戦は無機質な技術の戦いに変わってしまっていたのである。

それでも、なるべく〝平易に〟という点を忘れず、「大西洋の戦い」におけるドイツ対イギリス、そしてアメリカの技術競争を見ていくことにしよう。

○Uボートの黄金時代と集団戦術

一九四一年に入るとドイツ海軍司令部は、Uボートを集団でひとつの船団（コンボイ）に差し向ける戦術（集団戦術・グルッペ・タクティーク）を採用した。

この戦術は間もなく〝群狼〟（ウルフ・パック：直訳すれば狼の群れ）として、広く知られることになる。

連合軍側はこれによって大損害を受け、同年四月には三二万六〇〇〇トンの船舶を失う。

つまり一日一隻の割合で、一万トン以上の船が沈められたわけである。

これ以後、Uボート対護衛艦の闘いは死闘の様相を見せ、戦果、損失が急上昇するのであった。

また同年末になると複数のUボートがアメリカ沿岸まで進出、これといったエスコートもなしに航行していた商船を片端から沈めていった。

しかし年が変わると共にアメリカ、イギリスは、ブラケット・サーカスというなんとも不思議な暗号名を持つ研究機関を作り、灰色狼の群れに真っ向から戦いを挑む。

広義のUボート対策はOR（オペレーション・リサーチ：作戦研究）として動き出し、徐々に、しかし着実に効果を挙げ、最終的にはドイツ海軍のもっとも有効な兵器である潜水艦の活動を完全におさえ込むのである。

その過程を主だった技術に限って見ていくことにしよう。

㈠　精測レーダーの実用化

イギリスは、

波長一・五メートル（Lバンド）

　　一〇センチ（Sバンド）

のレーダーを開発し、浮上航行中の潜水艦はもちろん、潜望鏡まで探知することに成功した。

Ｕボートの側は、敵のレーダー電波をとらえる逆探知装置（Ｍｅｔｏｘ《メトックス》、Ｎａｘｏｓ《ナクソス》など）を用いて対抗したが、効果は充分でなかった。

したがってＵボートは昼間、夜間を問わず全く突然の攻撃を受けることになってしまったのである。

㈡　対潜攻撃兵器の性能向上と前投兵器の出現

まず、それまでの爆雷に大幅な改良を加え、性能向上をはかる。

爆薬の量を増やし、形状を流線形とし、投下方法を効果的に決定する手法を取り入れる。

また、それまでの水上艦艇が装備していなかった前方投射兵器を開発した。

それも一種ではなく、用途によって異なるＫ砲、スピゴット、リンボー、ヘッジホッグなどである。

なかでも小さな爆雷を二四個同時に発射するヘッジホッグは、四三年以降Ｕボート、そして日本海軍の潜水艦に対して恐るべき威力を発揮した。

㈢　高性能ソナーとソノブイ

水中に音波を発振して物体の存在を知るソナー（音波探信儀）は、水中レーダーとも呼ぶべきものである。連合軍はこのソナーの性能を向上させると共に、航空機から投下するソノブイを開発した。

これは使い捨ての兵器ではあるが、外洋の潜水艦探知にはきわめて有効で、航続距離の大きな航空機と組み合わせて使うことにより、Ｕボートの位置をいち早く把握するのを可能にしている。

㈣これ以外の対Uボート対策
高性能サーチライトといえるレイ・ライト
対潜哨戒機を搭載した小型空母
航空機搭載の磁気探知装置MAD
高周波二方位測定装置HF／DF（ハフ／ダフと発音する）

対潜水艦作戦においてもっとも重要なのは、なんといっても敵潜の正確な位置をつかむことにある。

位置さえつかんでしまえば、数の上で勝る護衛艦艇をその場所に集中させればよい。
アメリカ、イギリス海軍はブラケット・サーカスの助言にしたがい、狼の居所を執念深く探し求めていった。

これに対してドイツ海軍の技術者、Uボート乗組員たちはどのような対抗手段を考え出したのであろうか。
前にわずかに触れたレーダー電波逆探知装置以外に、次のような新技術が次々と登場した。

㈠シュノーケル・水中給気装置

浅深度で潜航中の潜水艦から水面上に管を伸ばし艦内に空気を取り入れる装置で、シュノーケルとは象の鼻の意味である。

これは現在の潜水艦のほとんどすべてに採用されている画期的なシステムといってよい。

㈡　レーダー電波攪乱システム・アフロディテ

逆探装置と組み合わせて使用されるレーダー電波の妨害システムである。

ただし効果は明らかでなかった。

また、これに加えてレーダー電波吸収塗料アルベリッヒも用いられている。

しかし、現代のような形状によるステルス性の追求には気付かないままであった。

㈢　潜航中の騒音減少対策

受動型ソナー、水中聴音器に捕捉される可能性を少なくするため、潜航中の騒音を少しでも減らす努力がなされた。

そのひとつは前述の構造物の流線形化であり、他のひとつは機械的な静粛性である。

典型的なものとしては、21型以降の無音モーターの開発で、もともとモーターはディーゼルエンジンと比較した場合ずっと静かではあるが、それを無音に近いものとした。

従来の7C型Uボートに比べて、一九四四年八月以降に建造された潜水艦の水中騒音は大まかに言って七分の一にまで減少した。

㈣　新型魚雷の投入

一九四三年秋からドイツ海軍は、二種〝スマート魚雷〟とも呼び得る新兵器を実戦で使い始めている。

魚雷の基本的な性能に関しては、日本海軍が欧米を大きく凌駕していたが、その誘導技術についてはドイツ海軍の足元にも及ばなかった。

○音響ホーミング魚雷T5〝みそさざい〟

敵艦のエンジン音、スクリュー音を追う頭脳をもった魚雷で、初期には小型の護衛艦に対し大きな効果を挙げた。

しかし、イギリス海軍は間もなくスクリュー音そっくりの騒々しい音を発する囮《おとり》（フォクサーと呼ばれた）を曳航することによって、T5の無力化に成功している。

○航跡追尾魚雷LUT

LUTとは舵角無調整魚雷の頭文字を並べたもので、敵艦船の航跡を追ってジグザグに走り、最終的に目標に命中する。

精度はかなり高かったものの、命中までの走行距離が長くなるために、発射のさい敵に接近する必要があった。

これは当然ながら大きな危険をともない、充分な戦果を挙げることができなかった。

結論

一九三九～四一年の中頃まで、Uボートの跳梁をなすがままに眺めていたイギリス海軍であったが、レーダーの普及によって一転攻勢に出る。

その後アメリカの支援と協力もあって——何度も危機を迎えはするが——〝大西洋の戦

い〃の主導権をもはや手放すことはなかった。そして先に掲げた各種の新兵器を次々に投入したため、ドイツ側は窮地に追い込まれてしまった。

イギリス、アメリカのレーダー探知に対抗して考案された、「逆探、レーダー電波妨害／攪乱装置、電波吸収塗料」は結局のところ、必死に身を隠さざるを得なかったUボートの受け身の対抗策にすぎない。

つまり積極的な攻勢はすでに不可能になっていたのであった。

大西洋、太平洋のどちらにおいても、優秀なレーダーを持つ側が圧倒的に有利な立場にあって、それ無しでは勝利はおぼつかなくなった。

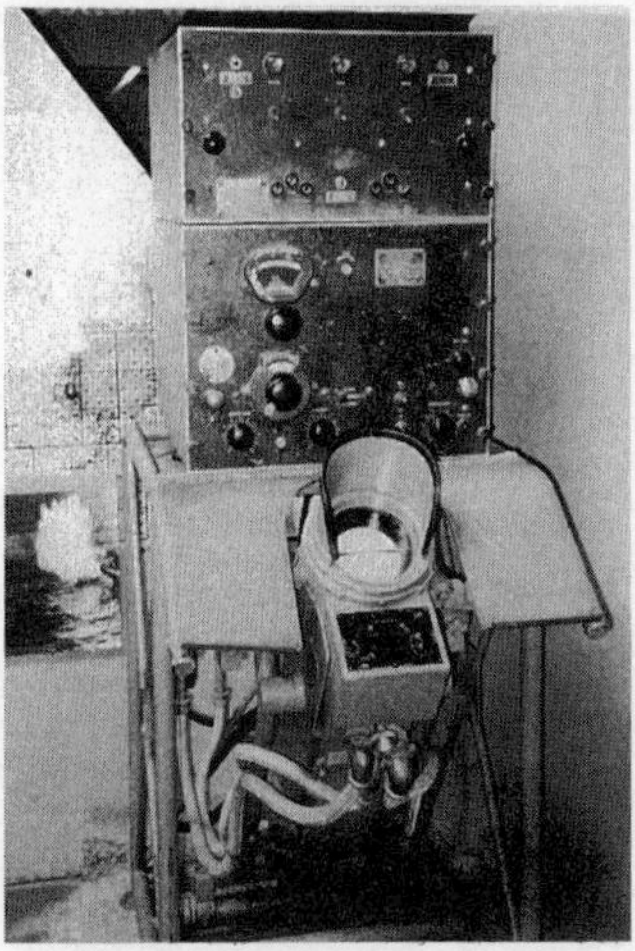

航空機搭載の潜水艦レーダー。連合軍は対Uボート兵器開発に全力を傾けた

そのようななかで、ドイツにとって唯一の望みは新しい21型潜水艦しかなかった。

これがもう一年早く、かつ大量に建造された時にのみ、戦局を逆転し得る可能性が残されていたかもしれない。

たしかに、シュノーケル、音響魚雷に代表されるドイツの技術は高く評価されなくてはならないが、その一方で、「形としては、きわめてわかりにくい戦力」として、イギリスが編成した頭脳グループ(シンクタンク?)ブラケット・サーカスのような組織も特筆に値する。

これらと比べて日本海軍の潜水艦技術は、

○広義の潜水艦の能力増大

○対潜掃討技術の向上

のどちらも、ほとんど進歩がなかったという他はない。

昭和一八年頃から日本の潜水艦の損害が急増し、その一方でアメリカ潜水艦の活躍が目立ちはじめている。特に日本本土と南方の台湾、インドシナ、フィリピンを結ぶシーレーンは、アメリカ潜水艦により徹底的に切断、遮断されていく。

また輸送船は言うにおよばず、戦艦、航空母艦といった主力艦までその餌食になった。

それにもかかわらず、日本側の対潜掃討技術は開戦の頃とほとんど変わらないままである。

大陸のすぐわきに存在する島国という似た状況にありながら、イギリスと日本のこの分野における技術力の差は、どのような理由で大きく開いてしまったのであろうか。

魚雷艇と小型砲艇

第二次大戦に参戦した列強のうち、日本、フランスを除く五ヵ国(ドイツ、イギリス、アメリカ、ソ連、イタリア）の海軍は、小型高速の魚雷艇を縦横に活躍させた。

現在ではFAC（高速攻撃艇）に分類されるこの艇種は、決して海軍の主力とはなり得ないものの、敵にとってはなかなか手強い相手となる。

高速魚雷艇は、

ドイツ　Sボート　魚雷艇
イタリア　MSボート　機動魚雷艇
イギリス　MTB　機動魚雷艇
アメリカ　PT　哨戒魚雷艇
ソ連　GS、PB　魚雷艇

といった呼び方をされていた。
平均的な寸法と性能としては、
排水量五〇トン、全長三〇メートル、全幅五メートル、機関出力四〇〇〇馬力、速力四〇ノット、航続力二〇〇海里、乗員一四名、搭載魚雷二～四本、機関銃／砲二～四門
となっている。
先に掲げた各国の魚雷艇の中で、少なくとも大戦中期までの間もっとも優れていたのはドイツ海軍のSボートであった。
連合軍側のエルコ86（アメリカ）、ボスパー21型（イギリス）などと比較したとき、Sボート（たとえばもっとも多数が建造されたS38型）は次の点で勝っていた。

㈠約五割排水量が大きく、船型からも航洋性に優れる
㈡エンジンに高速ディーゼルを採用しているため、航続距離が大きく、かつ被弾時の引火性が低い
㈢第一次大戦で魚雷艇を活用したイタリアのアドバイスを受け、種々の細かい配慮がなされていた。たとえば荒天時の搭載魚雷への損傷を避けるための密閉式発射管、静粛性を高めるための特殊な消音水中排気システムなど
㈣高張力アルミニウムを骨組みとした新しい船殻構造の採用による波浪衝撃の緩和
なかでも最大出力三〇〇〇馬力（一基当たり）の高速ディーゼルエンジンは、米、英の発動機技術をもってしても造り得ないものであった。
戦闘車両の場合と同様に、FACの発動機としてはガソリンよりディーゼルの方が圧倒的に好ましい。
現在でこそ船舶用（略して舶用《はくよう》という）ガソリンエンジンの信頼性は充分に高くなってはいるが、大戦中、いや一九七〇年代までそれは完全とは言えなかった。
Sボートはディーゼルエンジンでも四〇ノット近くの速力を発揮していたが、当時にあって米、英の同種の小型艇は三〇ノットを超すのがようやくといった状況である。
またアルミ製の船体構造も、これまた画期的な新技術である。
本来アルミは海水および電触（他の金属との電位差によって生ずる腐食）に弱く、船には向かない材料と思われていた。エルコ、ボスパーなども建造に手間はかかるものの、伝統のあ

る木構造である。

しかし、ドイツ海軍は前述の欠点を見事に克服し、アルミの骨材とチーク板の組み合わせによる軽量で剛性の大きな魚雷艇の船体を実現している。

各国の魚雷艇中最大であったが、魚雷搭載数が少なかったSボート(上)、イタリア海軍の艦艇中、最も活躍したMSボート(中)、火力と航用性に優れたフェアマイルD型(下)

MTBとSボートでは航洋性能に差があり、少しでも波がある海面では特にそれが著しかった。

波浪のある海域でMTB、Sボートが闘った場合、船体の揺れは勝敗に大きく影響する。主要な兵器である機関砲の命中率の大部分は、これによって左右されるからである。船体が大きく、航洋性の高いSボートは、この理由から常に有利であった。

その一方で、Sボートにも――いかにもドイツ人らしい配慮からくる――マイナス面も見られた。

たとえば、荒天対策としての密閉型魚雷発射管の採用は、搭載魚雷を二本に限定してしまっている。

排水量一〇〇トン近いSボート　二本
　　四〇トンのPTボート　四本

という数値を知るとき、アメリカのPTボートの合理性が伝わってくる。

ドイツのように搭載数を二本とし、そのかわり魚雷とその発射管を完全に艇体内に収容しその保全をはかるべきか、それとも少々損傷を受ける可能性があっても甲板上に剥き出しに置き四本搭載するというアメリカ流の割り切り方の比較がなんとも興味深い。

これは第二次大戦中の空母とその搭載機をめぐる問題とも似ている。

日本、イギリスの空母は、原則として搭載機をすべて飛行甲板の下の格納庫に収容するように考えられていた。

たしかに荒天時の損傷、塩害防止、整備性などを考慮すれば、これは最良の方法であろう。

これに対してアメリカの海軍は、艦載機はもともと消耗品であると考え、一、二割は甲板に露天係止している。

これにより搭載機数が多くなること、発進に要する時間が短くなることの方が重要であると判断したのかも知れない。

ほぼ同じ排水量の空母の搭載機数は、

翔鶴　八四機　日本
エセックス　一〇〇機　アメリカ
アークロイヤル　七二機　イギリス

となっていた。

話を魚雷艇に戻して、同じような数値を示すと、魚雷一本当たりの排水量と乗員数は、

Sボート　四七トン　一二名
PT　一〇トン　一四名
MTB　一九トン　一三名

で、兵器の効率という面から見るかぎり、Sボートは必ずしも良いとは言えない。

もちろん総合力、乗員の負担といったことも考えなくてはならないのは当然だが、それにしてもSボートは、魚雷を最低四本搭載すべきであった。

一九四三年に入ると、イギリス海軍は大型のフェアマイルD型FACを投入しはじめた。なかでもD型ガンボートと呼ばれたタイプは、六ポンド砲二門、二〇ミリ機関砲四門、一二・七ミリ機関砲四門、七・七ミリ機関銃四門という重武装で、Sボートはもちろん、ドイツ海軍が使っていたあらゆる小艇を積極的に攻撃した。フェアマイルD型は排水量一〇〇トン、出力合計五〇〇〇馬力で航洋性もSボートに劣らなかった。

このタイプは実に二〇〇隻以上造られ、数の上からもドイツ海軍を圧倒したのであった。

結論

大戦の初期から中期にかけてSボートの活躍はめざましく、イギリスは脅威を感じていた。

この大部分は、マン／ダイムラーベンツの高速ディーゼルエンジンによるところが大きい。早い時期に搭載魚雷を四本にし、武装を強化したSボートを大量建造しておけば、英仏海峡、ノルウェー近海、エーゲ海などの闘いでより大きな戦果が挙がったはずである。

ともかくこの分野についてはドイツ海軍の技術は世界最高であった。

しかし緒戦において痛手を被ったイギリス、そしてソ連は早急に対Sボート掃討に取り組み、

イギリスはフェアマイルのD型艇の大量建造、一九四二年八月からのレーダー装備

ソ連は戦車から流用した七六ミリ砲塔を装着した装甲砲艇の建造で、これを達成した。

日本海軍はソロモンの闘いで、アメリカのＰＴボートにたびたび痛めつけられたが、この対策は結局実現しないままに終わったのと好対照である。

第二部　航空兵器

主力戦闘機フォッケウルフＦｗ190

第二次大戦におけるルフトバッフェ（ドイツ空軍）の主力戦闘機は、間違いなく二種のみといってよい。

○緒戦から終戦まで　メッサーシュミットＢｆ109
○一九四一年夏から終戦まで　フォッケウルフＦｗ190

が、東西ヨーロッパはもちろん、バルカン、北アフリカの上空に、その猛禽のような姿を見せている。

このＢｆ109とＦｗ190は装備しているエンジンをはじめ、機体の形まで大きく異なっていた。生産数は前者が三万五〇〇〇機、後者が二万機、つまりこの五万機が協力してドイツ空軍の戦力の大部分を担っていることになる。

この項では、すでにその性能に翳りが見えはじめたBf109にかわって、戦争後半の主力戦闘機となったFw190に焦点を当てて分析したい。

（注・メッサーシュミットBf109の評価に関しては、拙著『ドイツ軍の小失敗の研究』を参照）

Bf109の飛行性能にはほぼ満足していたドイツ空軍も、

㈠あまりに貧弱な航続力

㈡高い翼面荷重、狭い主脚の左右の間隔に起因する事故の頻発

には頭をいためていた。

このため一九三七年の秋からフォッケウルフ社に新戦闘機の試作を命ずる。

空冷のBMW801型エンジンを装備したこの戦闘機は三九年六月に初飛行し、その後特に問題もなく四一年夏から英仏海峡上空に登場するのであった。

この頃、西ヨーロッパの空を支配しようとしていたのは、宿敵イギリス空軍のスーパーマリン・スピットファイアMk5であった。

同機の引き渡しは一九四一年三月から始まっており、Bf109F型を性能的に凌駕して制空権を握りつつあった。

しかし全く唐突に現われた新戦闘機Fw190は、優美な楕円翼のイギリス機を次第に圧倒していく。

〝大英帝国の戦い／バトル・オブ・ブリテン〟の勝者スピットファイアは、この時点でドイツ側に大きく遅れをとってしまった。

このときのイギリス側が受けた衝撃は、Ｆｗ190が空冷エンジンを装備していることにあった。

日本の陸海軍、アメリカ海軍が伝統的に空冷の星型エンジンを重用したのに対し、ヨーロッパ各国は冷却媒体にエチレングリコールを用いる液冷エンジンを使っていた。

空冷、液冷エンジンのどちらにも長所、短所があるのは当然だが、前面抵抗が明らかに大きな空冷星型を使っていながら、フォッケウルフはスピットを上回る性能を発揮していた。

これはイギリスの技術陣にとって大いなる驚異であった。

大面積を必要とする冷却器がない分、空冷エンジンは被弾に強い。

つまり敵弾の命中によってグリコールの洩れが始まれば、液冷エンジンはすぐに焼き付いてしまうのである。

この点のみにかぎれば、空冷エンジンこそ軍用機向きの発動機といえた。

また出力からいってもＢＭＷ801系エンジンは二一〇〇馬力(Ｄ2型・最大時。以下同じ)を発揮し、スピット・Ｍｋ5のロールスロイス・マーリン45／一五二〇馬力を引き離している。

慌てたイギリスはマーリン64／一七一〇馬力、同66／一七二〇馬力と改良を続ける。

そのため、それまでの主力機であったＭｋ5にかわって、Ｍｋ9が登場するのである。

このあとＦｗ190とスピットファイアは戦争終結まで、絶好のライバルとなる。

それではここで本項の主役であるＦｗ190の性能を掲げ、その後、アメリカ、ソ連の主力戦闘機と比較してみよう。

当然ながらすべての戦闘機を詳しく追っていくわけにもいかないので、
イギリス　スピットファイアMk9
アメリカ　ノースアメリカンP51ムスタング
ソ連　ラボーチキンLa7
の三種との比較にとどめたい。
なお項目としては別表の七項目とした。
具体的には、
馬力荷重：上昇力、加速性能
翼面荷重：旋回性、高空性能
翼面馬力：速度性能
といったように、強く結びついていることはよく知られている。
ただしひとつ注意しなくてはならない点は、エンジンの出力の数値についてである。
例を挙げると、
Fw190の二一〇〇馬力／ドイツ工業規格DINによる表示
P51ムスタングの一六八〇馬力／アメリカ機械学会ASMEによる表示
となっている。エンジンの出力測定法、規格が異なっているので、実質的な出力は数字ほどの差がない。
この規格についてもっとも厳しいのがアメリカ、次にドイツ、イギリス、日本の順となる。

作図・野原　茂

Fw190A3とスピットファイアMk9Cの比較

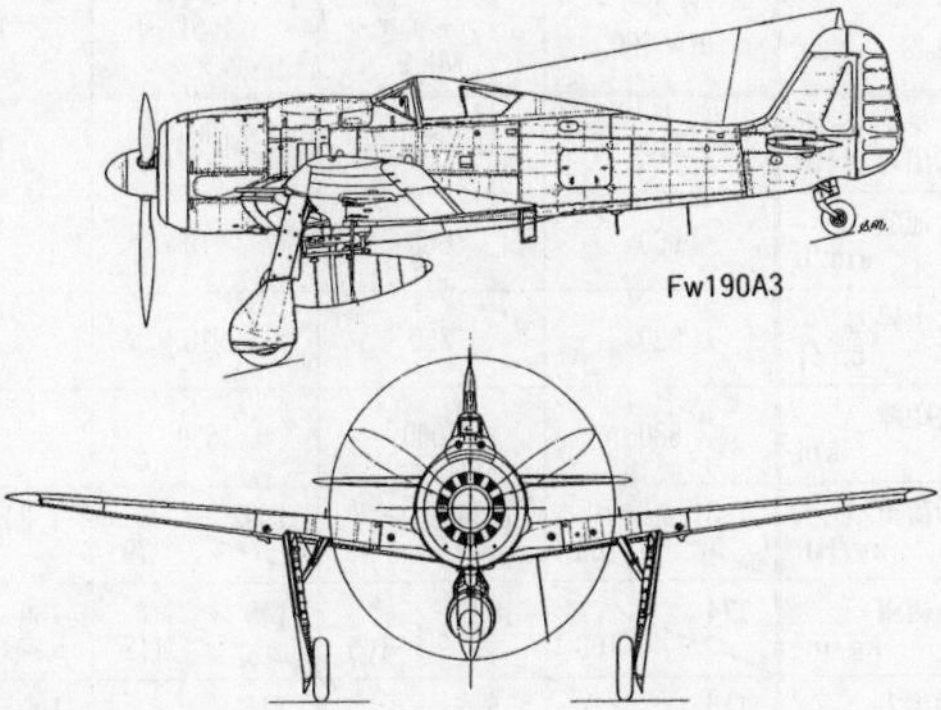

Fw190A3

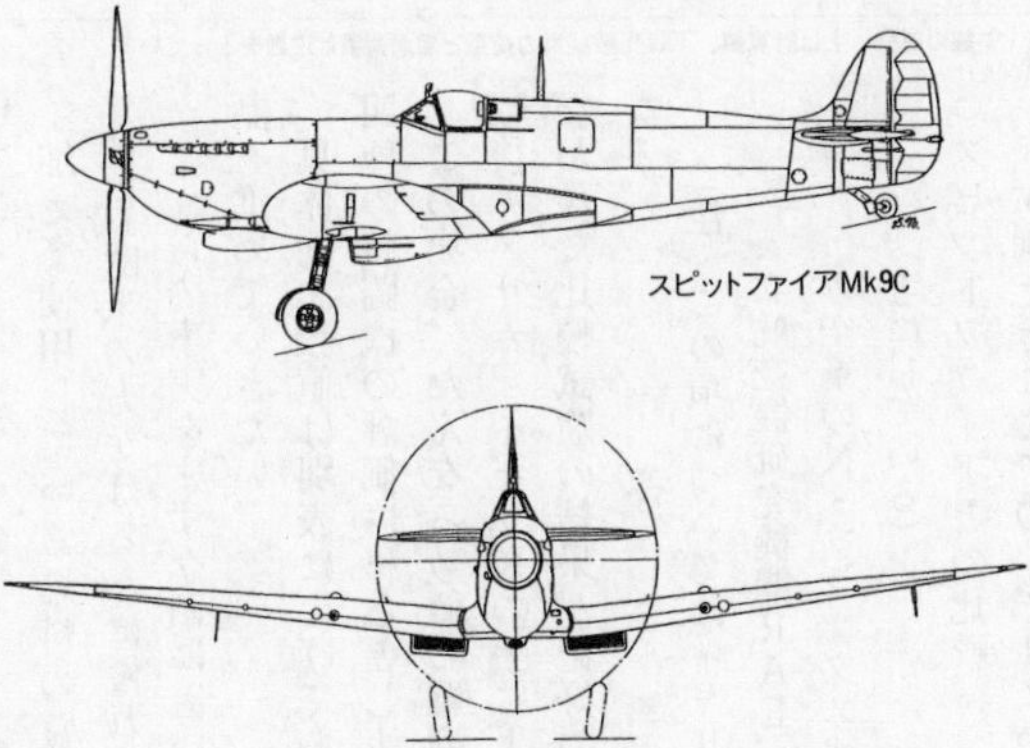

スピットファイアMk9C

Fw 190 対英、米、ソ連の主力戦闘機

性能＼機種	フォッケウルフ Fw 190	スーパーマリンスピットファイア Mk 9	ノースアメリカン P 51 ムスタング	ラボーチキン La 7
エンジン最大出力 HP	2100	1710	1680	1780
最大速度 km/h	660	660	710	670
最大上昇力 m/分	820	860	910	880
航続距離 km	880	1060	1530	780
馬力荷重 kg/HP	1.51 / 100	1.56 / 97	1.92 / 79	1.34 / 113
翼面荷重 kg/m^2	174 / 100	103 / 165	148 / 118	136 / 128
翼面馬力 HP/m^2	115 / 100	75 / 65	77 / 67	102 / 89
型式	A-8	—	D	La7a

注・斜線の部分：上は計算値、下は指数。馬力荷重と翼面荷重は逆数をとっている。

またソ連の場合は手元に資料がなく、不明である。

加えて使用している燃料の質(オクタン価)も欧米の方がはるかに優れていた。

これらの事実をまず念頭に置いたあと、話を進めていきたい。

具体的な数値は別表に掲げてあるので、四種の戦闘機の評価に移るとしよう。

この場合、たんなる数値の羅列よりも、戦後アメリカ、イギリスの手によって行なわれた比較試験の結果が絶好の資料となる。

(注・この項についてはイギリスの国立航空機研究機関RAE、アメリカ空軍のN・フランクス報告を参考にしている)

○スピットファイアとの比較

Fw190とそれまでのイギリスの主力戦

闘機スピット・Ｍｋ５の比較では、あらゆる性能において前者が確実に勝っている。
　そこで対抗馬としてスピット・Ｍｋ９が登場する。
速度／全般的にスピットが優速であるが、その差は一〇キロ／時程度。

あらゆる性能でドイツ軍戦闘機を圧倒したＰ51（上）、木製の戦闘機としては、もっとも成功したといえるLa７（下）

上昇力／速度と同じ。
ただし高速を利しての上昇（ズームアップ）ではＦｗ190がわずかに勝る。
急降下速度／あらゆる高度でＦｗ190が有利。
運動性／Ｆｗ190はロール率、スピットは旋回率で優れる。互格か？
全体としてＦｗ190とスピット・Ｍｋ９型はほぼ対等であった。
　しかしエンジンへの燃料供給システムの違いについて

○マーリンエンジン・キャブレター（気化器）
○BMWエンジン・インジェクション（噴射器）
では操作性においてドイツ側が優れていたことをRAEも認めている。
○P51ムスタングとの比較
あらゆる性能でP51はFw190を凌駕している。唯一Fw190が優れているのは、ロール率のみである。

驚くべきことに、Fw190の性能向上型であるFw190D（液冷エンジン装備）であっても、その性能はP51と大差はなかった。

P51はFw190の二倍近い航続力を持っていたから、戦闘機としての総合的には大差がある。スピットファイア系列とは互格に闘えたFw190ではあったが、P51と比較した場合、一ランク下の戦闘機という他ない。
○La7との比較
戦争初期にはすべての面で、Bf109に大きく劣っていたソ連戦闘機群であったが、短期間に次々と新戦闘機を開発し戦線に投入してきた。

La7の他にヤクYak3、7、9戦闘機も、低空における空中戦に限ればBf109、Fw190にとって少なからぬ脅威となった。

ソ連の戦闘機は航続力を犠牲にしている分だけ、小型軽量で、その割に大馬力のエンジンを装備している。

またアメリカから大量に供与された一〇〇オクタン燃料を豊富に使い、ドイツ、日本戦闘機とちがって設計者の望むとおりの性能を引き出していた。

Ｌａ７、Ｙａｋ９については、Ｂｆ109を上まわり、Ｆｗ190と同等の能力があったと見るべきである。

その実力は一九五〇年の朝鮮戦争に登場したミグＭｉＧ15によって如実に示される。

4種の戦闘機の性能比較
(Fw190を100とする)

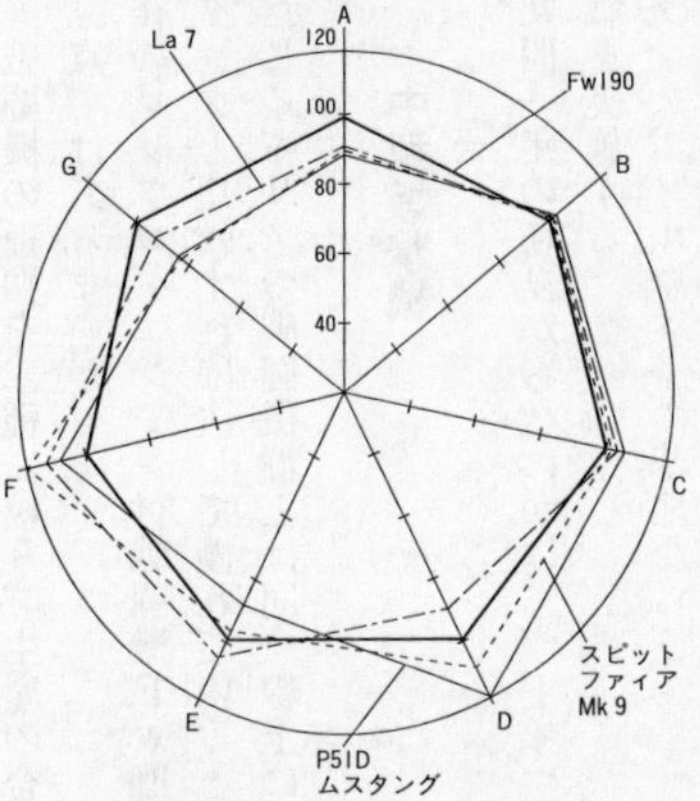

記号の説明　A：エンジン出力　B：最大速度　C：最大上昇力　D：航続距離　E：馬力荷重　F：翼面荷重　G：翼面馬力

結論

メッサーシュミットＢｆ109
フォッケウルフＦｗ190
は、共に優れた戦闘機ではあったが、当時の航空技術から見ても決して突出した性能を持っていたとは言い難い。

わずかに取り上げるべき点は、

㈠ 燃料噴射システムと、それによる加速性能

㈡ 常に高かった横転（ロール）率

㈢　戦闘機の種類を二種に絞り、生産の合理化をはかったこと
の三点ではあるまいか。
最後のレシプロ・エンジン付戦闘機Ｆｗ190Ｄ／Ｔａ152であっても、アメリカのＰ51Ｄ／Ｈ
ムスタングと比較すれば決して優れているとは言えないのである。
ただしイギリスの戦闘機群とは同一線上にあった。

中型爆撃機

一九四一年の初夏から秋にかけて、ドイツ空軍はイギリスを屈服させることを狙った大空
爆作戦を実施する。
フランス、ノルウェーの基地から、
単発戦闘機　九〇〇機
双発戦闘機　一三〇機
急降下爆撃機　二六〇機
双発爆撃機　一〇〇〇機
を繰り出し、英本土とその艦隊に襲いかかった。
一方、イギリス空軍は合わせて一二四〇機の戦闘機をかき集め、これに対抗する。
この約三ヵ月におよぶ闘いは「バトル・オブ・ブリテン（英国の戦い）」と呼ばれ、守る側

の勝利に終わるのであった。
進攻作戦に参加したドイツ爆撃隊の主力は、
ハインケルHe111

本来の爆撃機のほか、夜間戦闘機としても使用されたJu88(上)、使い易い性能から重用されたB25ミッチェル(下)

ドルニエDo17
ユンカースJu88
といった双発爆撃機で、またこれら三種はそれぞれ当時のドイツの大航空会社の代表的な機種でもある。
別項でも記したが、ドイツ空軍は第二次大戦の初めから終わりまで、本格的な四発大型爆撃機を保有できなかった。
双発爆撃機と四発爆撃機の能力の差は非常に大きく、平均的な爆弾搭載量を調べていくと次のようになる。

アメリカの四発爆撃機四・五トン
イギリスの 〃 五・八トン
これに対して双発爆撃機のそれは最大でも、
日本の場合 一・二トン
ドイツ 〃 二・五トン
と明らかに半分以下である。

もちろん厳密な比較は、航続力をはじめとする多くの要素を組み入れなくてはならないが、逆に防御力などを加味したときには、その差はより拡大するかも知れない。攻撃する目標が都市、工場といった〝戦略目標〟であれば、四発爆撃機の威力は双発機の三倍にも達する。

ドイツ空軍がアメリカ、イギリスのような大型でかつ〝タフ〟な爆撃機を持っていなかったことが、イギリスを空から屈服させられなかった最大の原因と考えられる。

また同時に、イギリス本土上陸作戦（ジー・ライオン〔アシカの意〕）も四発爆撃機がなかったために夢と消えたのであった。

しかし、ここではドイツ空軍の双発爆撃機そのものについての評価を行なうにとどめよう。

前述のごとくルフトバッフェの爆撃機隊は急降下爆撃機ユンカースＪｕ87をのぞくとＨｅ111、Ｄｏ17、Ｊｕ88

しかなかったといってよい。もっともHe111とDo17の初飛行はいずれも一九三四年であり、スペイン戦争（一九三六年七月〜三九年四月）にも参加している。

したがってバトル・オブ・ブリテンの時期には、すでに旧式といえないこともない。

ともかく日本海軍の九六式陸攻、陸軍の九七式重爆より古い飛行機なのである。

この四種の双発爆撃機の能力はほぼ等しいから、――たびたび改良が行なわれたとしても――アメリカ、イギリスの新鋭戦闘機の前にはほとんど無力に近かった。

このような見方に立てば、ドイツ空軍の主力爆撃機はユンカースJu88であることがわかる。

また製造数から見ても、シリーズとして、

He111　五六七〇機

Do17　二二三〇機

Ju88　一万四九六〇機

といった数になる。

（注．Ju88の約一万五〇〇〇機のうち六三パーセントが爆撃機であった）

戦争が激化した一九四三年の中頃から、He111、Do17の昼間の出撃は、その損害が大きすぎるという理由ですでに中止されていた。

生産自体もまた一九四四年に入ると間もなく終了する。

さて一九三六年一二月二一日に初飛行したJu88は、最初九〇〇馬力のDB600発動機二基を装備していた。

最終生産型のＪｕ388のエンジンは、ＢＭＷ801―八〇〇馬力であるから、出力はちょうど二倍となる。

またこの双発機ほど多種多様の使われ方をした航空機はあるまい。

水平／急降下爆撃機　Ａ４、Ａ５
夜間戦闘機　Ｃ１、Ｃ４、Ｃ５、Ｃ６
要人輸送機　Ｖ７
熱帯作戦用特殊機　Ａ11
対人爆弾専用機　Ａ13
船舶攻撃機（爆弾）　Ａ14
〃　（魚雷）　Ａ17
写真偵察機　Ｈ１
対戦車攻撃機　Ｎｂｗｅ
練習機　Ａ４、Ａ７
海上哨戒機　Ａ６／Ｕ
防空気球破壊機　Ａ６

というように、まさに考えられるあらゆる任務に活躍した。

このＪｕ88に対応する連合軍側の双発爆撃機を拾い出してみると、対象となるのは、アメリカ陸軍のノースアメリカンB25ミッチェルしかないことがわかる。

初飛行の時期、全体の寸法、エンジンの出力を考慮するとJu88の発展型（形状はほとんど変わっていない）Ju188が適当なので、この二機種を徹底的に比べてみよう。

詳しいデータについては、別掲の表をご参照いただきたい。

双発、双尾翼のB25は、太平洋戦争においても緒戦から終戦まで使い易い爆撃機としてアメリカ陸軍航空隊によって重用された。

なかでも昭和一七年四月、空母ホーネットを発進して実施された日本本土爆撃作戦は、永

Ju 88、188とB 25の比較

要目および性能＼機種名	ユンカース Ju 188	ノースアメリカン B 25 ミッチェル
乗員　名	4	6
全幅　m	22.0	20.6
全長　m	15.0	16.1
翼面積　m^2	62.7	56.6
自重　トン	9.2	8.8
総重量　トン	14.5	15.2
エンジン総出力　HP	3400	3400
最大速度　km/h	510	460
最大上昇力　m/分	540	540
上昇限度　m	9500	7400
航続距離　km	2500	2200
爆弾最大トン	2.5	1.8
翼面荷重　kg/m^2	147	155
出力重量比　HP/トン	370	386
翼面馬力　HP/m^2	54.2	60
初飛行　年　月	1940/12	1940/8
生産機数	1000	11000
備　考	E1型	B型

く航空史に残るものといわれている。

航続性能を除けば、日本の新鋭双発爆撃機をわずかながら凌駕する性能を有していた。

しかし全体的な飛行性能を見ていくと、同じ出力の発動機を装着していながら、Ｊｕ188の方がすべての面において優れていることがわかる。

型式によって多少の違いがあるものの、速度、航続力、上昇限度とも一〇パーセントほど大きい。

また明らかに高空性能においても数値上の差が見られる。

もともと中型爆撃機の高空性能は――イギリス空軍のデ・ハビランド・モスキートを除いて――大したものではない。

それでもＪｕ188とＢ25の上昇限度の差、二〇〇〇メートルはきわめて重要であった。

なぜならドイツ空軍は、強力なハインケルＨｅ217ウーフーの登場まで、有力な夜間（迎撃）戦闘機を持たずに戦っていたからである。

イギリス空軍のアブロ・ランカスターに代表される連合軍の夜間爆撃機に対抗できる機種は、一九四四年夏までもっぱらＪｕ88／188だけであった。

この二種は爆撃機として開発されたものであるが、高空性能が良いことが思わぬ任務、夜間戦闘機として役立った。

また爆撃機としてのＪｕ88は、爆弾搭載量が二・五トン（最大では三トン）と多い点が目立っている。

日本の陸海軍の双発機が一トン（最大一・二トン）であることを考えると、その能力の大きさがわかる。もちろん航続力に違いがあるが、それでもJu88の方があらゆる面で優れていた。

その証拠として艦船攻撃用のA17型は一トン魚雷二本を搭載可能であった。

日本の海軍機は大型、小型を問わず搭載魚雷は常に一本である。

少々脇道にそれ、また乱暴な比較になってしまうが、

乗員四名のJu88が魚雷二本

乗員七名の九六式陸攻、一式陸攻が一本

では、乗員の生命、運用効率に大差がある。

このように見ていくかぎり、ルフトバッフェの主力爆撃機であったユンカースJu88／188爆撃機はかなり優れた航空機と判断しても異論は少ない。

戦争の勃発と共に、ドイツ空軍は三種並行して生産していた爆撃機をできるだけ早い段階で、Ju88一本に絞るべきであったのではあるまいか。

大きさからいっても手軽で、かつほとんど万能、どのような任務もこなすことができる。

いってみればJu88はルフトバッフェのワークホース（軍馬）なのであった。

これに比べればドルニエDo17、ハインケルHe111など明らかに旧式機という他ない。

結論

すでに述べてきたごとく、一万五〇〇〇機も製造されただけあって、Ｊｕ88シリーズは第二次大戦に登場した最良の双発爆撃機のひとつに挙げることができる。

少なくとも出現時期から考えれば、アメリカの双発爆撃機群（Ｂ25、Ｂ26マローダー、Ａ26インベーダー）の水準を超えていた。

もちろん日本の陸海軍の双発機もＪｕ88には及ばない。

しかしＪｕ88／188に連合軍の四発爆撃機の代わりが可能であったのか、という問いには否の答えしか聞こえてこないことも事実である。

ここにやはりドイツ空軍の弱味が現われている。見方によっては、この双発爆撃機は四発機の穴を埋めるため、実力以上に酷使されたと言えなくもないのであった。

大型爆撃機

第二次大戦中のルフトバッフェ最大の弱点は、最初から最後まで本格的な四発爆撃機を保有できなかったところにある。

これをドイツ第三帝国の敗因のひとつに数える歴史学者も、一人、二人ではない。

もちろん日本、イタリア、そして連合軍側のソ連さえ、このような大型爆撃機を持てないままに終わっている。

やはりアメリカ、イギリスの工業力は、他の列強諸国を、だんぜん引き離していたのであった。
たしかにドイツ空軍は、
ハインケルHe177グライフ
フォッケウルフFw200コンドル
といった四発爆撃機を戦場に投入した。
しかしHe177は伝説上の大鷲《おおわし》という名称が恥ずかしいほどの駄作で、そのほとんどが輸送機として使われたにすぎない。
そのエンジン機構には根本的な欠陥があり、これが最後まで実用化を阻害している。
これについては後述する。
○フォッケウルフFw200コンドル
もうひとつの四発哨戒爆撃機Fw200は、もともとルフトハンザ航空の旅客機として開発されたものであり、たしかに航続力は優れてはいたが、強度的には不充分であった。

もちろん各部分への補強は行なわれたであろうが、それでも爆弾を満載しての離陸にさいして、多くの事故を引き起こしている。

たとえコンドルが最初から軍用機として開発されていたとしても、その能力には限界があった。

アメリカ空軍のボーイングB17フライング・フォートレス

イギリス空軍のアブロ・ランカスターと主なデータを比較した場合、次のようになる。

	Ｆｗ200	Ｂ17	ランカスター
総出力ＨＰ	三七六〇	四八〇〇	五四八〇
総重量トン	二三	二五	三一
爆弾搭載量トン	三・三	四・九	九・五

つまりコンドルはＢ17、ランカスターの七割程度の能力しかない。

また防弾、防御力においても比べものにはならず、とうてい本格的な重爆撃機とは言いがたい。

実際、コンドルは常に単機で投入され、Ｂ17、Ｂ24、ランカスターのように強固な大編隊を組むことによって敵の戦闘機の抵抗を排除し、ひとつの都市を壊滅させるような目的に大挙出動するといった使われ方は一度としてなかった。

また数字や文字よりも、このドイツ機の能力を明確に示すものは、同一縮尺のプラスチック・モデルであろう。

たとえば三機について縮尺１／72のモデルを作り比べてみると、Ｆｗ200が米、英の四発機に比していかにか弱い航空機であるかということがよくわかる。

コンドルについては哨戒機としての役割は評価できるが、爆撃機として見るかぎり明らかに失格であった。

○ハインケルHe177グライフ

Fw200と違って、ハインケルHe177は初めから四発の本格的な爆撃機として計画された航空機である。

大きさは全幅三五・○メートル、全長二二・○メートル

重さは自重一六・八トン、総重量三一・一トン爆弾搭載量六・○トンであるから、充分にB17に匹敵する。

エンジンはDB610一三五○馬力四基で、これまた堂々たるものであった。

B17、B24、ランカスターより設計の年度が二年も後であるから、当然

旅客機として開発されたため、不充分な性能であったFw200(上)、四発重爆としては失敗作であったHe177(下)

より優れたものが生まれなくてはならない。

またドイツの航空工業はそれを生み出すだけの力を持っていたように思えるのだが、完成したHe177は失敗作であった。

その原因はなんとも複雑な構造の双子エンジンにあった。

出力一三五〇馬力の発動機について四基を二基ずつひとまとめにし、トランスミッションを介してふたつの大直径プロペラを駆動する。

したがって外観からは巨大な双発機に見える。

それまでの最大の双発機は、アメリカのカーチスC46コマンド輸送機で、全幅三三・〇メートル、総重量二五・四トンであった。

しかしHe177はC46を上まわり、プロペラの数から見るかぎりは史上最大の双発機なのである。

このHe177は最初から最後まで、双子エンジン（各称はDB610A／B）のトラブルに悩まされた。

まずトランスミッション後方に置かれたエンジンの冷却不足、つづいてミッションそのものの不具合である。

これが原因で飛行中はもちろん、地上の試運転でもエンジンの過熱は日常茶飯時であった。

第一次生産分として完成した一〇二機のうち、六九機（七〇パーセント）は信頼性に問題があって、飛行不能と判定された。

残る三機のうちの二機は、最初の任務のさい空中火災を起こして墜落している。日本より数段優れた技術力を有していたドイツではあったが、このトラブルを完全に解消することはできないままに終わっている。

ドイツ空軍の期待を一身に集めて登場したハインケルHe177は、結局二二〇機も製造されたにもかかわらず、東部戦線で輸送機として使われただけで消えていった。

のちに普通の四発形式に改めたタイプのHe277（初期にはHe177Bと呼ばれていた）も開発され、こちらの方は計画どおりの性能を発揮している。

しかし時期的にはあまりに遅く、それを投入できる場面は少なくなっていた。

あれだけ優秀な戦闘機、V1、2に代表される技術力を誇るドイツのこの失敗は、何が原因なのであろうか。

いったい誰が〝百害あって一利なし〟ともいうべき、双子エンジンを考え出したのか。

また詳細な検討なくして、このシステムの採用を決定したのは誰だったのか。

今となっては知るよしもないが、やはり最終的な責任は会社の代表者であるエルンスト・ハインケルにあるものと思われる。

史上初のジェット機を誕生させ、またHe111、He162といった軍用機の生みの親となったハインケルではあるが、He177については大きな失敗をおかした。

この双子エンジン以外にも、同機には素人が見てもいくつかの疑問点がある。

直径が異常に大きなプロペラのため、地上における姿勢が不自然な頭上げを強いられ、また主脚がエンジンナセルにおさまり切れず、この対策としてボギー型の車輪配置となってしまった。

これ以外に総重量三〇トンを超える大型機にもかかわらず、急降下を可能にするような要求が出されていたこと、複雑な遠隔操作機構付の銃塔の製作に手間どったことなど、無理な設計が次々と要求され、この大鷲の成長を阻んだのであった。

最初からB17と同じようなごく平凡なスタイルの四発機としていれば、He177は一九四一年の春には登場し、西部、東部戦線のどちらの側でもそれなりに活躍したはずである。

これが凝り過ぎた設計によって無に帰してしまった。

そしてそのツケはドイツ空軍と第三帝国の敗北となって表われたのであった。

(注・ふたつのエンジンをトランスミッションを介してひとつにし、出力軸を一本とする設計手法は、それほど珍しくない。軍艦についてはごく一般的に使われ、また戦車ではアメリカ軍のM24チャーフィーが採用している。しかし航空機にあっては希有のものであった。わずかにHe119をはじめとする数種に見られるにすぎない)

この後は民族的な性格の分析にもかかわるのだが、なぜドイツ人/アーリア民族は複雑かつ不可解なメカニズムを好むのだろう。

別章で述べているような、台車とソリで離着陸する最新鋭のジェット機、複雑きわまるサスペンションを持つ戦車、装甲車の千鳥配置の転輪など、一見しただけでまさに首を傾げざるを得ない。

、

イギリス人にも似たようなところがあるが、それにしてもドイツ人ほど極端におかしな機構を取り入れることはなかったようである。

機体の頑丈さが特徴のB17(上)、航続距離や爆弾搭載量ではB17を上回っていたB24(中)、大型爆弾を搭載し、戦艦ティルピッツ攻撃に使用されたアブロ・ランカスター(下)

結論

フォッケウルフFw200、ハインケルHe177の能力うんぬんよりも、ルフトバッフェがアメリカ、イギリス空軍がそれぞれ一万機以上も保有していたような大型四発爆撃機を持てなかったことが、この戦争の行方に大きな影響をもたらした。

これに関しては日本の陸海軍にとっても同様で、いかに優れていたとしても双発の中型爆撃機と四発機との間には決して縮めることのできない能力の差がある。

ハインケルHe177はもしかすると、本格的な重爆撃機に育ち得たかも知れないが、ドイツ人エンジニアたちの、

「新しいが、偏向した技術」

がその優れた芽をつみとってしまった。

本文中にも記したが、ごく普通の四発機として開発していれば、——採用したダイムラー・ベンツDB601系発動機自体がきわめて高い性能を持っていただけに——強力な爆撃機が生まれていたはずである。

その証拠に一九四四年四月に完成した通常四発型のHe277は、B17とその偉大な後継機であるボーイングB29スーパー・フォートレスの中間といった性能を発揮している。

エンジン出力はB17の一・四倍、最大速度五八〇キロ、航続距離七八〇〇キロであるから、これが大量生産されれば一大戦力となる。

しかしこの頃、ドイツ軍は防戦一方の状況に追い込まれ、He277も結局生産されないまま

に終わったのである。

He177の双子エンジンをめぐるトラブルは、ドイツの現代技術を分析するさい、忘れてはならない事柄であるというしかない。

輸送機

地味な存在ではあるが、第二次大戦の戦闘の勝敗に輸送機は大きく係わりあっている。

輸送機の輸送能力は船舶と比べて決して大きいとは言えないが、その速度はともかく貴重であった。

この事実を裏付けるものとして、連合軍の最高司令官D・アイゼンハワーの著書がある。

彼は連合軍を勝利に導いた兵器として、次の四つを挙げているのである。

ジープ

原子爆弾

バズーカ砲

ダグラスC47スカイトレイン輸送機

（注・資料のなかにはバズーカ砲を除いて、三つとしているものも多い）

現代の戦史に興味を持つ者の一人として、この選択には多少のとまどいを隠せないが、アイゼンハワーとしてはこのように感じていたのであろう。

スペイン内戦から、終戦まで使用されたJu52輸送機（上）
米軍や他の連合軍でも使用されたC47スカイトレイン（下）

たしに太平洋戦争における日本の敗北は、輸送・補給能力の不足にあったのは事実であるから、彼の選択の中に二つの輸送用兵器（ジープとC47輸送機）があってもおかしくはない。

それでは早速、ドイツと連合軍の代表的な輸送機を比べてみるとしよう。

ドイツ　ユンカースJu52三発輸送機
連合軍　ダグラスC47双発輸送機

この二機の初飛行の時期については約三年の差があり、そのまま比較するのはJu52にとって少々酷な気がする。

しかしそれも航空輸送量の重要性に関するドイツ軍、連合軍（アメリカ、イギリス軍）の認識の違いということも言えるようである。

ユンカースＪｕ52は、ドイツ第三帝国の再軍備のさいの代表的な航空機であった。

最初から旅客機／輸送機として開発され、初飛行（一九三二年六月）成功の直後から大量生産――当時としては――が始まる。

そして一九四五年五月、ドイツの敗北のさいにもまだ生産は続いていた。

輸送機の比較

要目および性能 ＼ 機種名	ユンカース Ju52 タンテ	ユンカース Ju252	ダグラス C47 スカイトレイン	カーチス C46 コマンド
乗員　名	3	3	3	4
全幅　m	29.3	34.1	29.1	32.9
全長　m	18.9	25.0	19.4	23.3
翼面積　m²	111	126	91.7	126
エンジンの数	3	3	2	2
総出力　HP	2100	4050	2400	4000
自重　トン	6,5	13,1	8,3	14,7
総重量　トン	10,5	22,5	11,8	25,4
最高速度 km/h	260	330	370	430
航続距離 km	1300	2500	2500	1900
積載量　トン	1.25	3.3	1.75	3.6
初飛行　年　月	1932/6	41/10	35/3	40/3
製造機数	3800	50 ?	10000	2900

第二次大戦の勃発から終了まで、〝タンテ（おばさん）〟と愛称された低速の三発輸送機はルフトバッフェと航空輸送力の主力であった。
ドイツはこのＪｕ52以外に、
ユンカースＪｕ252
アラドＡｒ232
ゴータＧｏ244
ユンカースＪｕ90、290、390
メッサーシュミットＭｅ323
フォッケウルフＦｗ200
と、多くの輸送機を送り出してはいるが、そのいずれも生産数は二〇〇機以下となっている。

これに対してＪｕ52は三八〇〇機も造られており、他の輸送機の合計数（約一〇〇〇機か）の四倍である。

一方、ダグラスＣ47は、旅客機ＤＣ３の軍用型として知られている。

ＤＣ３は戦後わが国でも定期路線に広く使われ、傑作機という評価が高い。

それどころか戦争中でさえ、日本はこの航空機のライセンス生産を続けていたのである。

日本海軍の主力輸送機は間違いなくアメリカ生まれのダグラスＤＣ３であり、これは零式輸送機（Ｌ２Ｄ２〜３）として四五〇機製造された。

これと比較して、アメリカの生産力は凄まじく、ＤＣ３／Ｃ47は実に一万一五〇〇機も造られている。

このうちからイギリスへは八〇〇機、カナダへは五〇〇機が供与されたから、両国は大戦中に本格的な輸送機を造らずに済んでしまった。

またもう一方の連合軍の主役であるソ連については、

七〇〇機が供与、ＰＳ84と呼ばれる

のちにリスノフＬｉ２として生産される

といった状況であったから、ＤＣ３／Ｃ47は世界中で重用されたことになる。

また初飛行の時期が三年ずれている以上に、Ｊｕ52とＣ47の性能の差は大きかった。

Ｊｕ52は三発、Ｃ47は双発であるにもかかわらず、あらゆる性能において後者が格段に優れていた。

特に飛行速度においては一〇〇キロ／時以上C47が速い。

スタイルからいっても、波型外板、固定脚のJu52は近代的な輸送機とは言い難く、これはまさに太って動きの鈍い〝ダンテ〟そのものといった印象である。

他方、C47は現在でも一〇〇〇機近くが現役にあることからも分かるように、当時にあっては全く新しい、画期的な航空機であった。

この航空技術の格差は、第一次大戦後の空白がドイツにとって不利に表われた証拠とも言える。

しかし原因はそれだけであろうか。

戦争が始まったあとも、ドイツ軍部および技術陣は、水準以上の性能を持ち、信頼性の高い輸送機を造り出せなかったのである。

先に並べたドイツの輸送機群のうち、なんとか合格点をあたえられそうなのは、わずかにフォッケウルフFw200のみと考えられる。

本来ならJu52の後を継ぐべき輸送機は一機として出現しなかった。

もともと輸送機という機種は相手側の航空機と直接交戦するためのものではないから、

『一応の性能を有し、使い易く、かつ製造が容易』

であればよい。

けれどもこのような航空機の設計と開発には、広範囲な技術基盤が必要なのである。

Ｊｕ52の後継機の候補としては、

ユンカースＪｕ52

〃　Ｊｕ90

などであったが、いずれもものにならなかった。

この理由は多々考えられるが、結局のところ次のふたつに集約される。

㈠ドイツ技術陣の最大の悪弊である

「次々と目先の開発に手を広げ、最終的になにひとつ実用化できないままに終わる」

という失敗

㈡輸送機の必要性を充分に知りながら、本気で航空輸送力の増強に取り組まなかった

Ｊｕ52のエンジン強化型のＪｕ252が完成すると、ドイツ空軍はすぐにそのまた性能向上型のＪｕ352の開発を命じた。

しかしその結果生まれたＪｕ352は、新型のプロペラ可変ピッチ機構のトラブルにより、Ｊｕ252よりかえって性能は低下してしまい、最終的に三〇機の製造で終わる。

四発の大型輸送機ユンカースＪｕ90は最初、高速旅客機として誕生したが、この性能向上型のＪｕ290が新型の輸送機として期待された。

ところが途中から哨戒・爆撃機としての要求が出て、生産ラインは混乱、総数として二〇機しか造れなかった。

そのうえＪｕ290の完成と同時に、六基のエンジンを装備したＪｕ390の開発が命じられる有

様である。
アメリカ、イギリスでさえ持ち得なかった六発大型機が、これにより生まれることになったが、とても大量生産など不可能で四機のみに終わってしまった。
低性能ながら信頼性は抜群、かつ扱いやすかったJu52の後継機は、
Ju252、352それぞれ三発機
Ju290　四発機
Ju390　六発機
と四機種の開発が行なわれてはいるものの、〝モノになった〟航空機はひとつとしてない。
戦争が激しくなっていくにもかかわらず、まるで子供が新しいオモチャを欲しがるように、新しい大型輸送機を次から次へと開発していく状況は、今日の眼でみるかぎり、〝狂気〟のひとことである。
ここにドイツ技術陣、技術者の定見の無さをいくらでも感じとることができる。
ドイツ空軍の輸送機部隊は、
一九四一年五月のクレタ島における大空挺作戦
一九四二年一二月のスターリングラードへの補給作戦
で、大量のJu52輸送機を失った。
クレタ島では三五〇機、スターリングラードでは六〇〇機に達する。
このような大損害を目の当たりにしていても、ルフトバッフェは本気で新しい輸送機を持

とうとする努力をしていない。

効率から考えれば、Ｊu252シリーズ、Ｊu290シリーズの開発などすべてを打ち切って、Ｊu52を大量に造り続けるべきだったのである。

だいたい全く異なる数種の大型輸送機の開発を、ユンカース一社にまかせていたのも信じられない。

これはもはや輸送機開発の問題にとどまらず、ドイツ航空工業界全体の責任である。

遠く海を渡ったアメリカにおいては輸送機に関するかぎり、難問は全く存在しなかった。

Ｃ47を大量に製造しながら、

㈠より大型のカーチスＣ46コマンドを三〇〇〇機近くも造り

㈡四発のダグラスＣ54スカイマスターの開発に成功している。Ｃ54／ＤＣ４は一五〇〇機も製造され、第二次大戦後も輸送機／旅客機として広く使われた。

結論

第二次大戦中の輸送機戦力において、

㈠航空機の性能

㈡生産量

㈢後継機の開発

とすべての面でドイツはアメリカに大幅に立ち遅れた。

㈠、㈡は仕方のないこととしても、㈢の後継機問題に関してドイツの状況は〝悲惨〟というしかない。

闇雲に思い付き程度のアイディアに飛びつき、その全部が実用化できないままに終わるドイツ技術者の悪い癖は、輸送機開発においてもっとも顕著に表われている。

この奥深い分析については、現代の技術史研究者の恰好のテーマなのではあるまいか。

同時に浮き彫りにされるのが、アメリカの工業力の大きさと、その合理性なのであった。

ジェット軍用機

ドイツ第三帝国の新しい技術がもっとも明確に表われたのは、ジェット戦闘機に関する分野であり、これこそ第二次大戦における〝航空機の華〟と言っても過言ではない。

当時のルフトバッフェ技術全般を、きわめて高く評価する人々も確かに存在する。

しかし冷静に見ていくと、

○メッサーシュミットMe110双発戦闘機シリーズ

○ハインケルHe111に代表される双発爆撃機群

といった軍用機において、それは必ずしも高くなかったことが証明されている。

また本格的な四発爆撃機を一種として開発できずに終わったのも、周知の事実である。

ところがジェット軍用機に関していえば、日本は無論のこと、アメリカ、イギリス、ソ連さえ大きく引き離し、いくつかの素晴らしい航空機を登場させている。

たしかに登場した時期があまりに遅く、運用方法も間違ってはいたが、それでもなお、

防空戦闘に威力を発揮したMe 262ジェット戦闘機(上)、連合軍のジェット機で唯一、実戦配備されたグロスター・ミーティア(中)、期待された性能に達しなかったP59(下)

119　ジェット軍用機

ジェット戦闘機の比較

要目および性能 ＼ 機種名	メッサーシュミット Me 262	〃 Me 163	ハインケル He 162	中島 橘花	グロスターミーティア	グロスター G 40	ベル P 59	ロッキード F 80
全幅　m	12.7	9.32	7.21	10.0	13.1	8.74	13.9	11.9
全長　m	10.6	5.90	9.06	9.25	12.6	7.70	11.7	10.5
翼面積　m^2	21.7	17.8	11.2	13.2	37.7	不明	35.8	22.1
自重　トン	3.80	1.89	1.35	2.30	3.66	1.20	3.60	3.28
総重量　トン	6.21	4.28	2.50	4.08	6.21	1.67	4.90	4.35
エンジン名称	ユモ 004 B	Hwk 509	BMW 003	ネ 20	RR ウエランド	パワージェット W 1 A	GE J 31	GE J 33
エンジン推力　kg	890	2000	800	480	770	690	910	1810
エンジン総推力　kg	双発 1780	単発	単発	双発 960	双発 1540	単発	双発 1820	単発
最大速度　km/h	870	950	790	680	660	750	670	890
上昇力　m/分	890	3400	1290	不明	880	不明	940	1330
上昇限度　m	11500	16200	11000	不明	14500	12900	14100	14800
航続距離　km	1050	滞空時間 12分	550	不明	1200	滞空時間 60分	890	900
武装 口径×門数	30 mm ×4	30 ×2	30 ×2	—	20 ×4	なし	37×1 12.7×3	12.7 ×6
翼面推力　kg/m^2	82.0	112	71.4	72.7	40.8	不明	50.8	82.4
推力重量比　kg/kg	2.13	0.95	1.69	1.38	2.38	1.74	1.99	1.81
翼面荷重　kg/m^2	175	106	121	174	97.1	不明	101	148
初飛行　年 月	1942/7	41/8	44/12	45/8	43/5	41/5	42/10	44/1
生産数　機	1440	360	160	1	350	2	50	920
実戦登場の有無	有	有	有	無	有	無	無	無
備　考	A型	B型	A型	試作機	F・1型	研究機	A型	A型

『史上初めて軍用ジェット機を実用化した名誉』は否定されるものではない。
ドイツ空軍が投入したジェット機／ロケット機は、
○ジェット戦闘機
メッサーシュミットMe262シュツルムフォーゲル
ハインケルHe162サラマンダー
○ロケット戦闘機
メッサーシュミットMe163コメート
○ジェット爆撃機
アラドAr234ブリッツ
の四種となる。このうちAr234は爆撃機、Me163は滞空時間一〇分前後のロケット機ということから、Me262とHe162のみを取り上げて検討したい。
（注・Me163コメートに関しては、拙著『ドイツ軍の小失敗の研究』を参照されたい）
なおHe162についての最近の研究では、ごく少数機が実戦に参加し、戦果を挙げていたことが判明している。
○メッサーシュミットMe262
実用型のユモ004エンジン付のMe262が初飛行に成功したのは、戦争が激化していた一九四二年（昭和一七年）七月一八日のことであった。

鋭く尖った機首、後退した主翼に装備された二基のジェットエンジンなど、それまでのレシプロ戦闘機とは全くちがった航空機であり、それからちょうど二年後、フランス、ドイツ上空の戦闘に参加する。

一方、イギリスは一九四三年五月に、同じく双発のジェット戦闘機、グロスター・ミーティアを進空させ、四四年秋からイギリス本土の防空に従事させた。

同機の性能（後述）がレシプロ機とあまり変わらなかったことから、ドイツ上空へは送り込まないままであった。

たしかにミーティアは、ヨーロッパ大陸からやってくるドイツのV1号飛行爆弾の迎撃にそれなりに活躍し、多くの戦果を挙げている。

しかし、もしイギリス製の双発ジェット戦闘機がフランスの基地から出撃し、ドイツ上空でMe262と対決したら、どのような結果になったのであろうか。

結論からいえば、ミーティアはMe262の敵ではなかった。

ジェット機の性能は、余剰パワー率と余剰推力比によって決定される。

あまり専門的になるので、詳細は省くが、それらの基礎となる数字、

	Me262	ミーティアF1
翼面推力	一〇〇	四九・七

推力重量比	一〇〇	八九・五

（注・Me262を一〇〇として指数化している。具体的な数値は別表を参照）

を比較しても、大きな差のあることがわかろう。

また機体のデザイン、特にエンジンの装備方法ひとつをみても、ミーティアの設計がMe262と比較してかなり劣っているのがわかる。

これに加えてジェット戦闘機の性能を明らかにするために、アメリカのP51Dムスタングの数値も掲げておく。

	Me262	ミーティア	P51D
最高速度／h	八七〇	六七〇	六九〇
最高上昇力m／分	八九〇	八八〇	七四〇
上昇限度km	一一・五	一四・五	一二・五

この数字を見ていくと、次の結論が容易に得られる。

(一) Me262はレシプロ戦闘機の最高峰ともいえるP51と比べて、二〇〇キロ／時近くも高速である。

(二) ミーティア（特にF1型）の性能は、P51Dとあまり差がない。

これらのことからもMe262の卓越した性能が証明される。

当時の西ヨーロッパにおける航空戦は、

アメリカ陸軍航空隊（第八空軍）の昼間爆撃

イギリス空軍爆撃隊の夜間爆撃と、それを阻止しようとするドイツ防空戦闘機隊の死闘が中心となっていた。

アメリカは、

ボーイングB17フライング・フォートレス

コンソリデーテッドB24リベレーター

イギリスは、

アブロ・ランカスター

と、いずれも四発の大型爆撃機を大量に投入、ドイツ本土を灰燼に変えようとしていた。

Me262が実戦化された一九四四年を見ると、アメリカ、イギリスの爆撃隊は実に一一九万トンの爆弾をドイツ本土に投下した。

また同年五月にアメリカ軍は八万一五〇〇トン、同八月にイギリス軍は七万一四〇〇トンの爆弾を航空機工場、燃料施設に叩きつけた。

太平洋戦争中に日本本土は一六万〜一七万トンの爆弾の雨を浴びたが、ドイツはこれだけの量をわずか一ヵ月で浴びているのであった。

しかしながらドイツ防空戦闘機も必死で応戦し、アメリカに三二〇機（一九四四年五月）、イギリスに二二〇機（同八月）という大きな損失を強要している。

初のジェット戦闘機が〝最強の助っ人〟として登場したのは、ちょうどこのような時期であった。

まずわずか二〇機からなるジェット戦闘機航空団JG7が誕生し、それはのちに五個までに増強される。

しかし夜間の運用は無理で、もっぱら昼間に大編隊を組んで来襲するアメリカ爆撃機の迎撃が任務である。

前述のB17、B24は、のちに日本本土を襲うボーイングB29スーパーフォートレスと比べるとはるかに低性能であった。

最大速度はそれぞれ四六〇、四七〇キロ／時であるから、Me262（八七〇キロ／時）の約半分にすぎない。

これだけ速度に差があれば、短時間に反復攻撃することも充分に可能となる。

Me262の火器は、

Mk108三〇ミリ機関砲四門

R4M五〇ミリロケット弾二四発

と、第二次大戦中の戦闘機としては例外といってよいほど強力であった。

Mk108は口径の割に砲身が短く、射程こそ短かったが、ともかく三〇ミリ砲弾は一発でB17、24を撃墜する威力を秘めていた。

またR4Mも空対空としては最大の威力を有する兵器で、頑強な連合軍の爆撃機編隊を突きくずすには絶好である。

ふたつの兵器を駆使してMe262は、わがもの顔にドイツ本土上空を飛行する大型四発機を次々と射ち落とす。

ともかく速度が大きいので、P51、リパブリックP47サンダーボルトといった護衛戦闘機もその任務を充分に果たせなかった。

Me262はそれらの護衛戦闘機と、労力、時間を費やす格闘機（ドッグファイト）をする必要など全くなかった。

高空で待ち伏せし高速を利して好きな時に攻撃し、体勢が不利となればいつでもその空域から離脱する余裕を持っているのである。

レシプロ戦闘機最高の性能を誇るP51、八〇〇キロ／時の急降下にも耐えうるサンダーボルトでさえ、Me262を捕捉するのはかなり困難というしかない。

このためアメリカ軍の戦闘機隊としては、空中戦でジェット機を撃墜することをあきらめ、あらかじめ先まわりして発進した基地の上空で帰投してくるのを待つ戦術をとった。

これはMe262の航続距離の短さを狙った頭脳的な方法で、これによってかなりの数が失われている。

しかし言いかえれば、この戦術こそ空中戦におけるMe262の実力を証明したものなのである。

ところがこれだけの能力を持ったMe262の運用について、アドルフ・ヒトラー総統と空軍上層部は大きな間違いをおかした。

戦局を注視すれば当然、生産するMe262のすべてを防空戦闘に投入すべきであった。しかしヒトラーは、これを高性能の戦闘爆撃機として使おうと画策し、このため製造ラインは混乱する。

たしかにジェット戦闘機はのちに爆撃機／攻撃機の任務を兼ねることになるが、この時点では防空に専念させるのが最良の道であった。

この種の戦闘でこそ、生まれたばかりのジェット機は持てる能力を最大限に発揮する。ジェット爆撃機としてはアラドAr234が間もなく登場するのであるから、この決定は明らかな誤りという他ない。

Me262シュッツルムフォーゲルに爆弾は似合わず、Mk108とR4Mを抱き、アメリカ軍爆撃機の大編隊に立ち向かうべきであった。

それでもなおMe262は勇敢な操縦士たちと共に、黄昏《たそがれ》迫る第三帝国を守るべく死闘を繰り広げ、無条件降伏の二日前（一九四五年五月四日）にも、アメリカ空軍のマーチンB26マローダー爆撃機三機を撃墜している。

そして半世紀をすぎた現在でも、メッサーシュミットMe262という史上最初のジェット戦闘機を忘れていない人々がいる。

今世紀中の飛行を目指して、アメリカ／カナダでは全くのゼロから、このジェット機を造り出そうとする計画――それも五機を同時に――がすでに動き出しているのである。

ノースロップF5戦闘機のエンジンを流用して作られるアメリカ製のMe262の飛行ぶりを

想像するだけで今から胸が躍るのは、決して著者ばかりではあるまい。

○ハインケルHe162サラマンダー

Me262と共にドイツ航空技術の最先端を歩む航空機はハインケルHe162サラマンダーであった。伝説に出てくる〝火龍〟という名の小型戦闘機は、次の諸点から航空史に残るものといえる。

㈠ 設計開始から初飛行まで、もっとも短い期間で実現した航空機

㈡ ジェットエンジンを胴体上に置くというきわめてユニークな形状

㈢ 設計の段階から非常用の射出座席（エジェクション・シート）を備える

連合軍の大規模な爆撃が本格化すると共に、ルフトバッフェの首脳部はジェットエンジン装備の簡易小型戦闘機を大量生産し、それに対抗しようと考えた。

これは国民戦闘機（フォルクス・イェーガー）計画と名付けられ、一九四四年九月から開始された。

六つの航空会社に試作命令が出され、結局ハインケル社のHe162が採用となる。

いかに戦時中とはいえ、その開発の進行具合は驚異的の一言であり、ドイツ工業界の実力とエルンスト・ハインケル博士の手腕を如実に示すものであった。

設計・性能仕様書の提示　九月一六日

設計原案、審査を過過　九月二三日

木型実物大模型（モックアップ）完成　九月二九日
モックアップ審査を通過。一〇〇〇機の量産契約を締結　一一月二三日
第一号機　He162V1完成　一二月六日
一号機、初飛行に成功　一九四五年一月末
三号機までが一月中にテスト飛行を終える。
（注・一二月一〇日、一号機は工作上のミスから墜落している）

このスケジュールによってわかるとおり、
○一〇日足らずで基本設計を終え
○二週間と一日でモックアップを作り
○二ヵ月半で機体を完額させ
○三ヵ月足らずで初飛行を成功させる

これこそジェット機開発の最短記録であることは間違いない。

そしてまた完成した戦闘機はきわめて斬新なものであった。

前述の背負い式のエンジン、失速特性を向上させるための翼端板、角度のついた双尾翼と何をとっても、これまでの航空機とは大きく異なっている。

この引きしまったスタイルに恥じず飛行性能も優秀だった。

三回目のフライトにおいて、He162は最大速度七五〇キロ／時を記録した。

双発のMe262には及ばないものの、連合軍のレシプロ戦闘機よりも一〇〇キロ／時も速い。

ハインケルH162A2サラマンダー

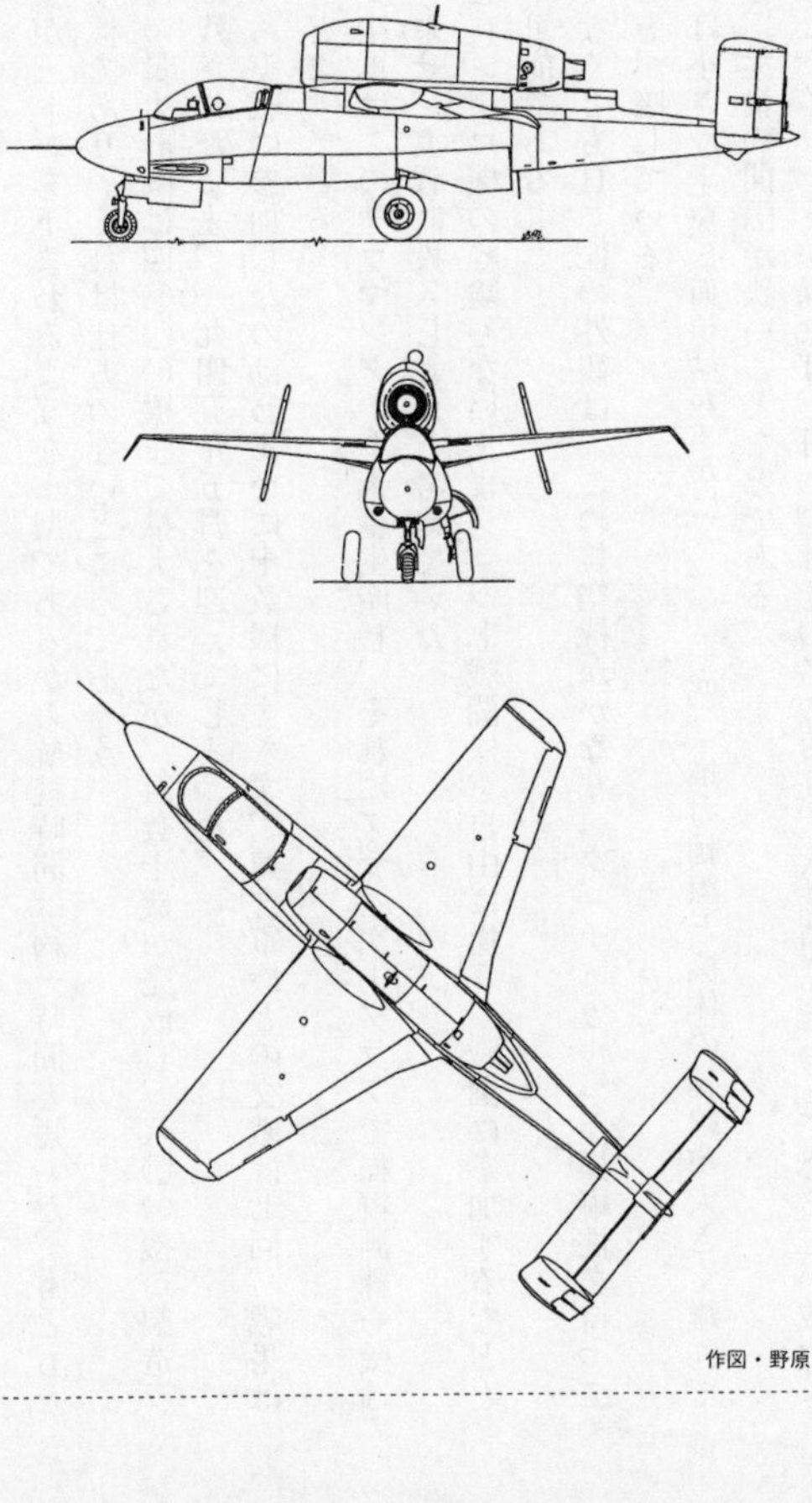

作図・野原　茂

加えて最良上昇力は一二〇〇m／分を超え、当時の航空機のうちでは抜群の値を示している。

総重量が三トンを下まわるような小型であるから航続時間は約一時間と短いが、もともと迎撃専用機であり、それは仕方のないところであろう。

He162の量生計画は四〇〇〇機まで拡大されたが、百数十機が完成し、八〇〇機が製造ライン上に残されたまま、一九四五年五月を迎えてしまった。

このうち実戦に参加したのはわずかに十数機にすぎず、連合軍機との交戦は七回、戦果は三機にとどまっている。

ドイツ空軍はこのサラマンダーを大量生産し、それにグライダークラブで操縦訓練を受けた若者を乗せ、実戦に投入しようと考えていた。

しかしレシプロ機の経験もないままジェット戦闘機を自由に操り、戦闘に参加するなどとうてい不可能である。

それでなくともHe162の外観は、この航空機がかなり〝クリティカル〟な操縦性を持っていたことを示唆している。

たとえば小さな主翼（面積はわずかに一一・二㎡）、推力軸線と機体の軸線が大きく離れていること、主輪の間隔が狭いことなどである。

熟達したパイロットが操れば、He162はその名のおり、火を噴く龍として恐ろしい威力を発揮したはずだが、未熟な者にとっては空中戦はおろか、離着陸さえも危険であったに違いない。

それでも日本の陸海軍が太平洋戦争末期に採用した特攻・体当たり専用の攻撃機、たとえばキ115剣《つるぎ》と比べればはるかに人間的、科学的ではある。

そのような戦術面とは別に、これだけ新しく、高性能のジェット戦闘機を前記の短期間で造り上げたハインケルとそのスタッフには大いなる賛辞を呈すべきである。現在、ロンドンの科学博物館

パリのル・ブルージェ航空博物館

に展示されているHe162を見れば、彼らの非凡な才能を十二分に実感できる。

無駄のない胴体のライン、薄く抵抗の少ない主翼、そして現代のジェット機によく見られるウイングチップ。

イギリス人には申し訳ない気もするが、同時代のグロスター・ミーティアと比べるとその先進性は著しい。

多くの異論――特に空気力学的な安定性不足といった――はあろうが、ハインケルHe162ラマンダーこそ、第二次大戦中の傑作機と著者は呼びたいのである。

○アラドAr234ブリッツ爆撃機

一九四三年六月一五日、初飛行に成功したアラドAr234ブリッツ（電光の意）は、世界最

初のジェット爆撃機という名誉を得た。

本機の開発はすでに四一年から始まっており、この事実からもドイツ空軍の先見性がうかがえる。

軽い後退用の主翼に二基のユモ004ジェットエンジンを装備したこの航空機は、間もなく八九五キロ／時という高速を記録している。

当時にあって最速といわれたイギリス空軍のデ・ハビランド・モスキートFB6（爆撃型）が六八〇キロ／時であったから、まさに驚異的な数値である。

Ar234において、最大一・五トンの爆弾は胴体内におさめられ、したがって速度の低下は少ない。

たとえば爆弾を搭載したブリッツを発見したとしても、これを撃墜できる連合軍戦闘機は皆無だったのである。

もちろん速度だけではなく、上昇力、上昇限度からいっても、レシプロ機ではこれを捕捉するのは難しかった。

最終生産型であるAr234V16は、実に九六〇キロ／時の速度を発揮している。

そしてブリッツは爆撃機としてばかりではなく、高速偵察機としても大いに活躍した。

また搭載量を増すため、四発としたC型あるいはV17も登場している。

このタイプの能力から見るかぎり、のちにイギリスが開発した双発爆撃機、イングリッシュ・エレクトリック・キャンベラ　一九四九年五月初飛行に匹敵する性能を持っていた。
キャンベラはその取り扱いの容易さによって、アメリカ空軍でもB57として使用されたほどの傑作機であった。

アラドAr 234 ブリッツ——初期のものは、離陸はドーリーと呼ばれる台車を、着陸は引込式のソリを使用していた

しかしドイツの航空技術はそれよりも四年以上早く、同性能のジェット爆撃機を完成させていた。すでに濃くなっていた敗色を少しでも柔らげようとAr234は縦横に活躍するが、それも空しく、ただ単にドイツ技術陣の能力を見せつけるだけに終わってしまった。ところが、これだけ高い性能を持っていたブリッツだが、初期のタイプには信じられないような欠陥が潜んでいた。

この事実はまさに衝撃的で、ドイツ人／アーリア人の民族性というものをよく表わしているようにも思える。

ただしその判断は読者におまかせするとして、最新のジェット爆撃機に関する信じられないほどお粗末なシステムを紹介することにしよう。

㈠離着陸用の車輪を持たない設計

初期型（A型、V1~V8まで）のAr234は、離着陸用の車輪を装備していなかった。

離陸はドーリーと呼ばれる台車で行なう。

一方、着陸は引き込み式のソリで行なわれる。つまりこの新鋭機は地上においては自力で動けないのである。特に着陸後は、牽引車が台車を停止した機体の側まで運び、一回一回クレーンを使ってそれに載せなくてはならない。

また離陸したあと、滑走路の端に放り出された台車を回収する必要がある。

航空史を振り返っても、車輪を持たない実用機はこのＡｒ234とＭｅ163以外には存在しない。

この方式を考え出した技術者の頭脳構造を疑いたくなるのは、決して著者だけではあるまい。

㈡　遠隔操作の機関砲の怪

このＡｒ234は、全幅一四・四ｍ、全長一二・六ｍ、総重量九トンというかなり大きな機体である。しかし乗員は最後まで一名であった。

これはのちのＣ型となっても変わらず、よく調べてみると、

「史上唯一の、乗員一名で運用される四発機」

であることがわかる。

爆撃、偵察、のちには夜間の迎撃戦闘にも用いられるのであるから、乗員一人ではあまりに荷が重い。

それに加えてなんとも不可解な防御システムを有していた。

単座であるにもかかわらずAr234は、後方に向いた二〇ミリ機関砲二門を装備している。敵の戦闘機に追いかけられた時、パイロットはこれを使って反撃しようというわけである。しかし当然前を向いて座っているので、後方を見ることはできない。それではどうするのか。

なんと特殊な望遠鏡（正確には潜水艦で使われているのと同じ構造の潜望鏡）を覗いて、照準を定め、それから遠隔操作の機関砲を発射するのである。

空中戦において、単座機のパイロットが潜望鏡を使って後方から追跡してくる敵ジェット機を狙い射つ。

Ar 234 機体の20ミリ機関砲の照準用望遠鏡。本当に敵機を照準できるのか

このような操作が本当に可能かどうか、子供にでもわかりそうなものである。

けれどもアラドAr234の胴体の下には、たしかに二門のMG151型二〇ミリ機関砲が装備されていたのであった。

航空機のデザイナーたちは、設計の段階で徹底的に、〇いかに航空機を効率よく運用させるか

○いかに強度を落とさずに軽量化を達成するか
　といった点に頭を絞る。

　そして最高の性能を有するジェット爆撃機を完成させていながら、前述の二点についてはろくに検討することなく受け入れてしまっている。

　技術の歴史は、このような不可解な問題について明解な解答をあたえてはくれないようである。

結論

Ｍｅ262、Ｈｅ162、Ａｒ234などのジェット軍用機こそ、第二次大戦におけるルフトバッフェの花形であった。
　そのジェットエンジン、
　ユンカース・ユモ００４Ｂ
　ＢＭＷ００３
などは、たしかに推力不足、応答性（レスポンス）の低さといった問題はあったものの、充分に実用化が可能であった。
　またドイツ技術陣は、ＢＭＷ０２８型と呼ばれるターボプロップ・エンジンまで開発していた。
　驚異的なスピードでドイツを追っていたアメリカでさえ、ジェット軍用機という分野においては終戦まで枢軸の雄に追いつけないままであった。

ルフトバッフェは、A・ヒトラーのいらぬ口出しに翻弄され、ジェット軍用機の投入までにかなりの回り道を強いられてしまった。

これ以外にも、この新しい軍用機の育成にさいして多くの失敗を犯している。

それでもなお、ドイツのジェット機群は航空の歴史の上で光り輝いているのである。

航空技術の総合評価

艦艇などの海上兵器
小火器、火砲などの陸上戦闘兵器
戦車、装甲車などの戦闘車両
戦闘機に代表される航空兵器

といった多くの兵器のうちで、もっとも先端的な技術が要求されるのは、間違いなく航空兵器である。

なかでも軍用機の設計、開発は、その国の総合的な技術力の集大成と見ることもできる。

この状況は第二次大戦当時も現在もなんら変わっていない。

そこで、他の兵器とは別に、

「第二次大戦における各国の航空技術の比較評価」

第2次大戦における各国の航空技術の比較評価

ドイツ

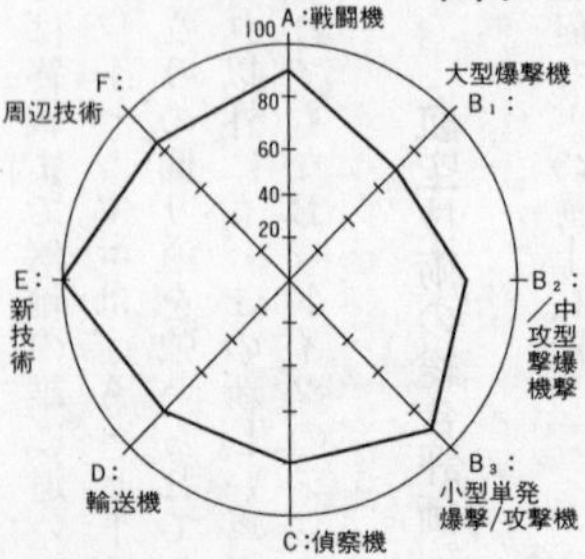

全般的な評価

戦闘機に関しては優秀。爆撃機の能力は米、英と比較して大幅に劣る。また急降下爆撃機を除いて強力な地上攻撃機を持たないまま戦っている。偵察機の能力も充分でない。ただしジェット戦闘機、爆撃機については世界の最先端をいっていた。全般的に新技術への思い入れが強すぎた感がある。

日　本

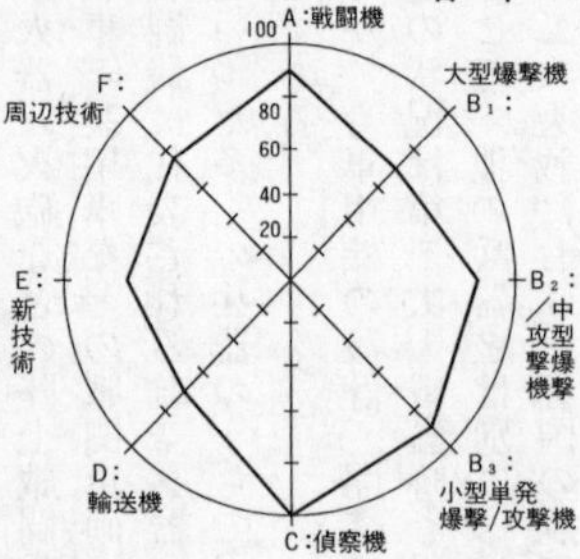

全般的な評価

全体的に小ぶりではあるが、よくまとまっていた。特に空母艦載機についてはそのすべてが優秀であった。四発飛行艇の技術が大型爆撃機に反映されなかった理由に関しては不明のままである。偵察勢力は陸・海軍とも充実していた。画期的な技術は特に生まれず。

イタリア

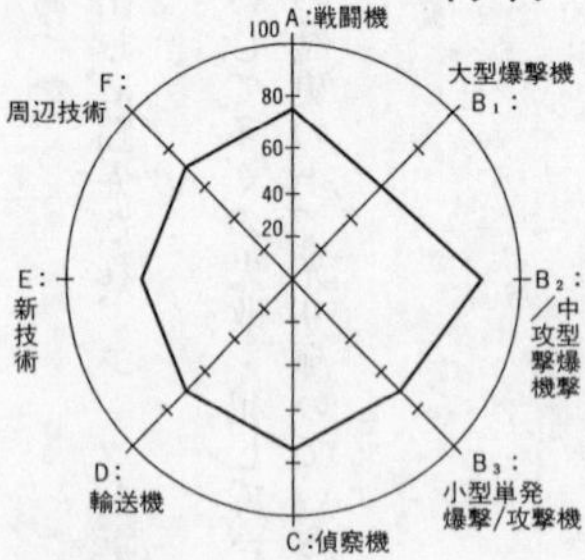

全般的な評価

強力な航空エンジンを開発できず、これが最後まで戦局に影響した。それなりに活躍したのはSM79三発爆撃機のみであり、地中海が主戦場であるのに単発の雷撃機さえ保有できなかった。同国の航空戦力は戦前の予想と違って弱体の一言に尽きる。また技術的にも他国のそれを凌駕するものは見当らない。

アメリカ

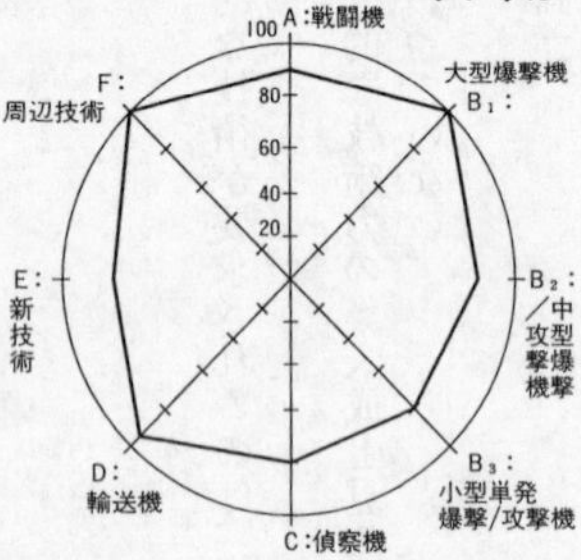

全般的な評価

大戦初期において優秀な戦闘機を保有できなかったが、その後は急速に改善。ただし機種の統一はできないままに終る。爆撃機の技術は他国の追従を許さなかった。またC46、C47輸送機を大量生産し、これが戦力増強に大きく貢献している。ジェット技術に関しては、出足こそ遅かったものの、間もなく最高水準に到達。

139　航空技術の総合評価

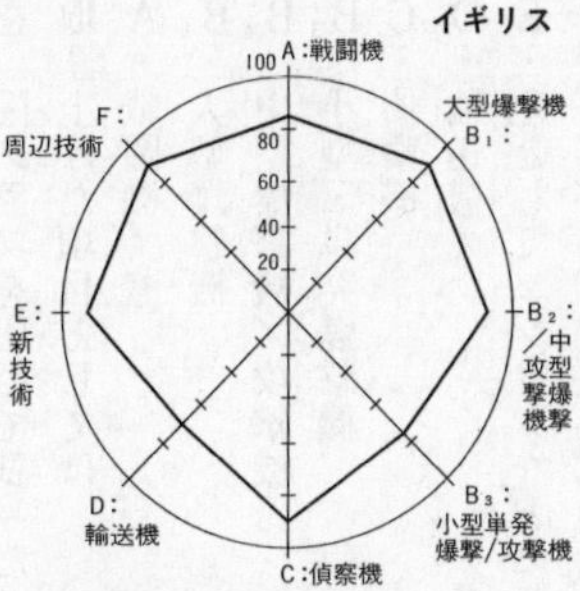

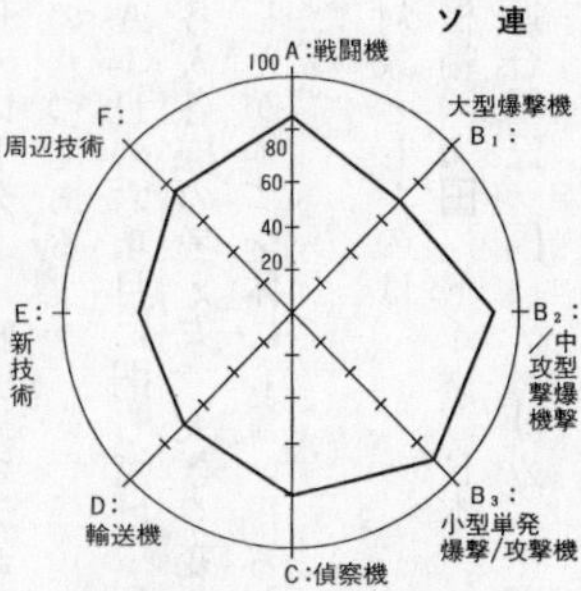

全般的な評価
大戦中期以降、爆撃機技術が開化し、ドイツを圧倒する。戦闘機の開発については足踏み状態。ジェット戦闘機ミーティアを登場させるが、同種のドイツ機より劣っていた。実用型の輸送機は結局登場しないままに終る。イギリスの評価は航法システム、レーダーなどの周辺技術において高い。

全般的な評価
ソ連空軍は、戦闘機と地上攻撃機のみでこの戦争を戦い抜いたといっても過言ではない。なかでもＩℓ２地上（対戦車）攻撃機は、他国に存在しなかった強力な機種であり、同国の航空技術の結晶と言えた。他に注目すべきは、枢軸側に大きな差をつけた木製機の実用化である。

堀越二郎氏による日、英、独、米の航空技術の評価

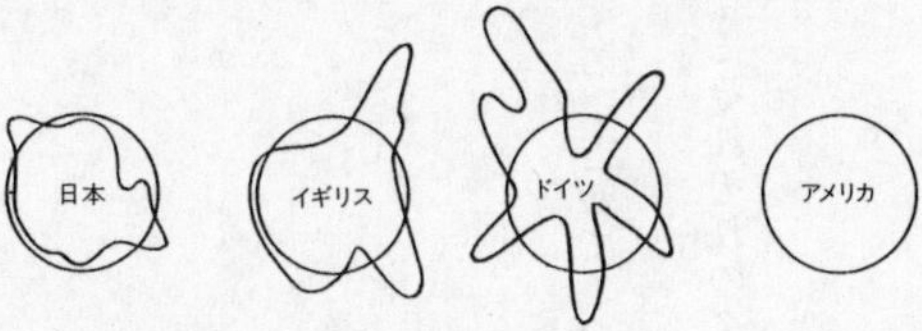

日本の代表的な航空技術者である、堀越二郎氏による４ヵ国の航空技術の評価は次のとおりである。

アメリカ：各方面に一様に発達し、その実力は非常に高かった。
ド イ ツ：色々な方面に新機軸を打ち出したが、欠陥もあった。
イギリス：あるいくつかの方面に、独特の発達があった。
日　　本：各方面ともたいした新機軸はなかったが、比較的まとまっていた。
それぞれに特長もあり、同時に欠陥もあった。

――「零戦」（昭和28年 日本出版協同社）をもとに作成

を、円グラフを用いて試みた。

取り上げた項目としては、

A・戦闘機

B_1・大型爆撃機

B_2・中型爆撃機／攻撃機

B_3・小型・単発爆撃機

C・偵察機

D・輸送機

E・主としてエンジンなどの新技術

F・レーダー、航法システムといった周辺技術

の八つである。

A〜Dの六項目に関しては、比較的スムーズに評価することができたが、E、Fについては各人各様の考え方で大きく変わってしまう。

したがって全体にも言い得るが、〃一応の目安〃としてそれぞれのグラフをごらんいただきたい。

対象としたのは、

枢軸三ヵ国　ドイツ、日本、イタリア

連合軍三ヵ国　アメリカ、イギリス、ソ連

である。フランスは多くの航空機、航空工業を有してはいたが、その参戦期間はあまりに短く、評価不能として削除した。

またグラフの下には、各国の航空技術の全般的な評価を簡単に記している。

さらに、旧海軍の零式戦闘機の主任設計者（主務者）として著名な、堀越二郎氏の日、独、英、米の評価を、その著書から転職した。

この四つの図は、原書をもとに著者（三野）が書き直したものである。

ここに掲載した〝グラフの形による技術の評価〟に、どの程度の意味があるのか、著者自体も明確にできないでいる。それでもなお、兵器の開発にさいして、なるべく真円に近い形が望ましいのではないかと思われる。

それはたしかにバランスのとれた戦力を表わしているからなのである。

第三部　陸上戦闘兵器

歩兵用小火器

一、短機関銃

いつの時代にあっても歩兵のもつ小銃が、陸軍の基本的な兵器であることは言を待たない。しかし現代でこそこの小銃（自動小銃、突撃銃を含む）はまさに多種多様となってはいるが、第二次大戦においては、申し合わせたように各国は同じような性能のものを使っていた。

日本軍　三八式歩兵銃
ドイツ軍　モーゼル98K
イギリス軍　リー・エンフィールド3／4
アメリカ軍　M1903スプリングフィールド
ソ連軍　モシン・ナガンM1891
イタリア軍　フューシル91

といった主力小銃は、スタイルも機構（ボルト作動）、装弾数もほとんど同じであった。
わずかにアメリカ陸軍が一九三九年末に制式化したM1半自動小銃（ガーランド・ライフル）のみが、画期的な歩兵用火器といえる。
したがってここでは小銃の比較を省略し、メカニズムとしてより興味深い「短機関銃、あるいは機関短銃」について論じてみたい。
歩兵同士の接近戦において、少数の特別に訓練され、かつ強力な火力を有する部隊を敵陣に送り込む戦術が有効なことは、第一次大戦の時点ですでにドイツ軍によって証明されていた。
このような接近戦のさい、射程は短くとも短時間に大量の弾丸を発射する兵器が必要となった。
こうして生まれたのが、
短機関銃　Sub Machine Gun：SMG
であるが、ドイツでは、
機関短銃　Machine Pistol：MP
と呼ばれている。
SMG／MPは最初こそ拳銃弾を用いていたが、のちには専用の弾丸が使われる。
SMGの歴史を探ろうとすると、ドイツが第一次大戦中に開発したMP18に行き着く。

各国の主要なサブマシンガン

名称	100式	MP 38/40	ステン MK 1	M 3 グリース ガン	トンプソン M 1928	PPSh 1941	ベレッタ M38	MAS Mle 1938
要目	日本	ドイツ	イギリス	アメリカ	アメリカ	ソ連	イタリア	フランス
口径 mm	8.0	9.0	9.0	11.4	11.4	7.62	9.0	7.65
全長 m	85	66/83	79	58/76	86	84	95	63
重量 kg	3.37	4.02	3.50	3.67	4.74	5.45	4.25	2.86
装弾数 A発	30	30	32	30	20	30	10	32
装弾数 B発	—	—	—	—	100	71	40	—
採用年度	1941	1938	1941	1940	1928	1941	1938	1938

注・全長：66/83は伸縮ストック付の寸法である。装弾数A：最少あるいは標準の装弾数を示す。
B：最大の装弾数を示す。

口径九ミリ、全長八二センチ、重量五・三キロ、装弾数三二発のMP18は、その後の短機関銃の元祖となった。

それまでの小銃は、口径こそ大差ないものの全長一二五センチ、重量四キロ、装弾数五発程度であったから、全長と装弾数において全く異なっていた。

発射速度については、小銃が一〇発／分なのに対し、MP18はその四〇倍に達している。

このSMGの配備が開始されると、ドイツ軍は一二名からなる〝マシーネン・ピストーレ分隊〟を編成し、大いに効果を挙げている。

この分隊は、歩兵銃を持った一二名の分隊の約二倍の戦闘力を発揮した。

連合国が休戦時のベルサイユ条約によって、ドイツ軍の短機関銃保有を禁止したことからも、この有効性がわかろうというものである。

戦争中のMP18の生産数は不明であるが、第一次大戦当時にすでに短機関銃の配備を可能にしたドイツ陸軍の先見性は高く評価されなくてはならない。この点からは日本陸軍など足元にも及ばないようである。

先の理由によって一時的にドイツのSMG開発は中断するが、その後間もなく決定版とも言えるMP38／40が登場する。

伸縮式のストックや、プラスチック製部品を使用したMP38／40(上)、価格が小銃の4割以下であったM3グリース・ガン(中)、ソ連歩兵の主力兵器PPSh41短機関銃(下)

㈠　ＭＰ38は伸縮するストック（銃床）を採用
㈡　〃40はプレス加工を多用
したことで、歩兵用火器に新境地をひらいた。
㈠は短距離の戦闘ではストックを縮め腰だめで射撃。中距離では肩射ちで命中率を高める。
またストックを縮めることで取り扱いが容易になり、戦闘車両の乗員に重用された。
さらに㈡のプレス加工の採用により、製造コストの削減、生産性の向上がはかられ、この強力な火器が豊富に配備される。
日本陸軍は、
○製造コストがかかる
○弾丸の消費量が大幅に増加する
○ボルトアクションの小銃でも、訓練次第である程度発射速度を向上させうる
といった理由をつけ、ＳＭＧの開発、装備に熱心でなかった。

そのうえコストの削減に関しても、研究不足の一言に尽きた。

さて、第二次大戦勃発（一九三九年九月）の時点では、ＭＰ38の配備はたしかに進んでいなかった。

それがフランス侵攻（翌年六月）にさいしては、多くの兵士がこの火器を持ち、充分に活用している。

もともと射程の短いSMGは、歩兵用小銃にとって代わる兵器ではないが、場所と状況によっては恐ろしい威力を発揮した。

またこれまでMP38／40と言うように記してきたが、それはMP38とその改良型であるMP40との違いがわずかであるからである。

前述のごとくMP40は38と比較して、プレス部品を多く使い、生産を容易にしている。もうひとつの相違点は、これと並行してプラスチック部品を用いていることである。

今でこそ小火器にプラスチック、そして複合材を使うのはしごく当たり前であるが、一九四〇年（昭和一五年）当時にあっては正に驚異的で、ドイツの工業技術レベルはこれほどの高水準にあった。

また信頼性からいってもMP38／40はきわめて高く、これは戦後に至るもスペインで生産されただけではなく、現在でも一部の国で使われている事実からも証明される。繰り返すが、

○伸縮可能なストック
○プレス、プラスチック部品

の採用によってドイツのSMG・MP38／40は小火器の歴史の一部を作ったといえよう。

さて、これに対する連合軍のSMGを比較したい。

戦争勃発以前に短機関銃を保有していたのはアメリカ陸軍だけであり、それも民間用のトンプソン・トミーガンを軍用としたM1921であった。

これはシカゴ市を舞台にしたギャング映画にたびたび登場する小火器であるが、性能はと

もかく部品のすべてが機械加工によって造られている。

これが大量生産のさい、最大の障害となった。ソ連が一九四一年から実用化したＰＰｓｈ１９４１も、この点からは同様である。

アメリカ、イギリスはＭＰ38の威力を知り、早急に安価で大量生産可能な、

Ｍ３グリースガン

ステンＭｋⅠ〜Ⅴ

を開発する。共にプレス部品を大幅に使用しているから、安物の〝ブリキ細工〟といった印象は免れない。

だいたい名称からして、

○グリース・ガン　グリース（粘度の高い潤滑油）油差し

○ステン・ガン　ステンチ・ガンの略。いかがわしい銃の意

と、あまりいい呼び名とはいえなかった。

（注・グリース・ガンは正式名称ではない。またステンとは本来は開発者、製造会社の頭文字を並べた合成語）

たしかにプレスした鉄板を張り合わせたようなＭ３、ステン・ガンではあるが、価格は小銃の四割以下と信じられないくらい安かった。

日本陸軍があまりにも高価にすぎると考えていたＳＭＧも、プレス加工で造れば小銃よりずっと安価なのである。

このあたりにも新しいアイディア、発想の転換が重要なことがよくわかる。設計年度が新しいだけにＭ３、ステン・ガンはＭＰ38／40より数段製造コストは低かったと考えられる。

大戦の終了までにＭ３は七〇万梃、ステン・ガンは三〇万梃も製造され、連合軍のすべてで広く使われた。

特にＭ３については。一九七〇年代まで陸上自衛隊の機甲（特車）部隊で現役にあったのである。

なお時代の変化と共に、歩兵の持つ小銃が自動化され、ＳＭＧ自体が消えつつある。発射速度が等しく、より威力のある自動小銃、突撃銃が普及すると、原則として拳銃弾を使用している短機関銃の存在価値はごく一部をのぞいてなくなるのは当然であった。

今のところＳＭＧを装備するのは、ヨーロッパの警察および各国の対テロリスト特殊部隊が中心である。

限られた場所、特に室内、建物内の銃撃戦となれば、軽量で発射速度の大きなＳＭＧはまだ有効な火器と認められているからであろう。

結論

ＭＰ18からＭＰ38／40、そして最終型のＭＰ44に至るドイツ製の短機関銃は、その技術、用法ともに世界をリードするものであった。

もともとSMGの名称より、MPの方が先に生まれており、この事実から見ても、ドイツ陸軍のこの兵器に賭けた意欲を知ることができる。

ただしアメリカ、イギリス、ソ連はすぐさま同様の兵器の開発に取り組み、短期間のうちに実用化している。

また他の列強、フランス、イタリアもなんとか、これに追いつきつつあった。

日本唯一のSMGである一〇〇式短機関銃は、小銃から抜け切れていないスタイル、他の銃と弾倉の互換性がないこと、生産性が考えられていないことなどから、大きく劣っていると言わざるを得ない。

しかしその反面、ドイツがSMGに固執したのは、第一次大戦以来兵士の人的資源の少なさを、高性能な兵器で補おうとしたとの見方もできないことはない。

兵士一人当たりの戦闘力を高める点から見れば、たしかにSMGは有効な手段ではある。

だからといって、相手の兵員数が三倍、四倍ともなれば焼け石に水の状況となり、結局敗北に繋がる。

そしてドイツ陸軍は——頭の中ではわかっていながら——これを完全に理解していなかったのではないかという危惧が残るのであった。

二、機関銃

ドイツ陸軍は、陸上戦闘に使用する機関銃について独自の思想を持っていたように思える。

これは、ドイツ陸軍が機関銃を軽、重と区別せずに戦い続けたことによって示される。すべての陸軍について、もっとも一般的な兵器である機関銃であっても、その考え方は千差万別である。

たとえば――。

日本陸軍／同じ口径の機関銃を、架台を中心とした構造によって軽、重に分類した九九式軽機、九二式重機の口径はともに七・七ミリである。

アメリカ陸軍／はっきりと口径によって分類している
M1919軽機関銃　口径七・七ミリ
M2重機関銃　口径一二・七ミリ

ドイツ陸軍／前述のごとく、軽、重機関銃といった区分は全く行なわずMG34、41（以下34／41と記す。いずれも口径は七・九二ミリ。基本は同じ）のみで闘った

この三つの考え方のうち、どれが正しいのか、いちがいに判断できないというのが本音である。

アメリカのように軽・重機関銃を大量に供給できれば理想的だが、日本、ドイツにそれだけの余裕はなかった。

そうであれば枢軸二ヵ国の、「機関銃は原則として一種でよい」とする思想も充分に納得できる。

そしてそのような立場から見るかぎりドイツ陸軍のMG34、そしてその改良型である41型

はきわめて優れた兵器であった。

旧敵国の兵器の採点について、非常に辛いイギリス軍人も、ドイツ製機関銃に関してはイギリス製よりも格段に優れていることを認めている。控え目な言い方ながら、

「MG34／41は、今日の汎用・多目的機関銃の先駆け的な存在であった」

と評価している。

モーゼル社の開発したMG34／41は、

㈠工作精度が高く、このため故障が少ない

㈡引き金の引き方で、半自動、全自動の切り換えができる

㈢簡単なアタッチメントにより、色々な弾倉の装着が可能

㈣41型においては、プレス部品を多用している

といった長所を持っていた。

これ以外に、先に述べた汎用性も数字に表われない長所であり、このMG34／41は歩兵部隊だけでなく、戦闘車両、航空機、艦船とドイツ軍のすべてで用いられている。

たしかに威力としては、

アメリカのブローニングM2

ソ連のDShK1938

といった重機関銃と比較して少なからず下まわってはいる。

しかし、陸海軍三軍の機関銃を統一して、数を揃えるという目的から考えれば、ドイツ陸

軍は理想を実現したのであった。

ＭＧ34／41と日本の九九式軽機、九二式重機と比べた場合、数字として表われてくる性能について大差はない。

今日の多目的機関銃の先駆けともいわれるMG34／41(上)
性能的にはMG34／41より劣っていたとされるM1919(中)
戦後、米陸軍の多目的機関銃として制式化されたM60(下)

しかし冷却部品の形状、扱いやすさ、弾倉の工夫などを詳しく見ていくと、機械技術立国とも言えるドイツの兵器だけに、MG34／41の方が優れていることがわかる。

なおこの機関銃は戦後においても、NATO（北大西洋条約機構）の標準的な火器として、口径を七・六二ミリに変え、生産されている。

この一事をみても、MG34／41の能力が如実にわかろう。

またこのドイツ原産の汎用機関銃は、戦後に至るもソ連製のT34戦車などと共に多くの戦場で使われている。

アジアにおける朝鮮、ベトナム戦争、数次にわたる中東戦争でも東欧（たとえばチェコなど）で製造されたMG41が姿を見せていた。

さらにアメリカがM60七・六二ミリとして大量に生産した汎用機関銃も、明らかにMG34／41の影響を受けたものであった。

このM60は歩兵部隊に配備されただけではなく、M113といった装甲兵員輸送車、UH1ヘリコプター、PBR河川哨戒艇などに搭載されたが、これこそMG34／41の汎用性をそのまま踏襲しているといってもよい。

結論

口径七〜八ミリ程度の汎用機関銃として、ドイツが製造したMG34／41の評価は充分に高い。

ただし、その性能があまりに高かったため、重機関銃の普及が進まなかった。航空用（主として爆撃機の防御に使用）として用いられた場合は、口径からいって明らかに威力不足であったと考えられる。

のちにドイツ空軍はこれを悟り、ＭＧ131一三ミリ機銃に交換している。

歩兵携行型対戦車火器

これは射程数百メートル以下で使われる個人携行型の対戦車兵器で、ドイツ、アメリカ、イギリスが一九四三年頃から実戦配備しはじめている。
扱うのはもっぱら歩兵で、森の中や市街での戦闘において大きな威力を発揮した。
これには発射のさい頑丈な架台が必要な無反動砲タイプ、
Ｍ18五七ミリ、Ｍ20七五ミリ　アメリカ
三・七インチ　バーニー砲　イギリス
七・五センチ軽砲40型　ドイツ
などがあるが、その性能はどれも大同小異であった。
より小型の肩射ち式対戦車火器としては、軽ロケット砲があり、
Ｍ１、Ｍ９六〇ミリ　バズーカ砲　アメリカ

PIAT（発射はバネと兼用）　イギリス
パンツァー・シュレック43型　ドイツ
パンツァー・ファウスト　〃

が挙げられる。

この四種のうちPIAT、パンツァー・ファウストは威力、射程、機構とも貧弱であった。特に命中を期待できる射程は五〇メートル以下で、真に操作に熟達し、かつ勇敢な兵士でないと効果はなかったように思われる。

一方、他の二種を比較すると、次の数値が得られる。

	口径ミリ	重量キロ	射程メートル	貫通力ミリ
M1バズーカ	六〇	六	二五〇	一五〇
シュレック	八八	一一	二三〇	二〇〇

威力としてはどちらかといえば、口径が大きいだけにパンツァー・シュレックであった。ただし使いやすさという点から言えば間違いなくバズーカである。

アメリカ陸軍はM1、M9を実に四六万梃以上も製造した。

これは対戦車用に使用されたばかりではなく、ロケット推進の砲弾を発射する軽歩兵砲として敵陣地の攻撃に大活躍している。

歩兵砲とちがって射程こそ短いものの、そのかわり重量および製造費がともに一〇〇分の一といわれた。

日本軍の小型火砲（山砲、連隊砲、大隊砲、歩兵砲など）の製造数は、全部合わせても一万門程度と推測され、ドイツもまた日本軍の二、三倍くらいの数であったと思われる。
これに対して四六万梃とはあまりにも膨大な数値で、性能の比較など意味をなさないような気さえする。

捕獲した米軍のバズーカ砲を参考に開発したパンツァー・シュレック（上）、威力や命中精度は低かった PIAT（下）

このような個人携行型のロケット砲は、第二次大戦後急激に発展し、

M72　六〇ミリ　アメリカ

RPG2、7　七〇ミリ　旧ソ連

などが広く使われることになった。

同時に先に掲げた、より威力の大きな無反動砲もすべての陸軍に配備される。

こうなるとこれまで歩

兵部隊が運用していた山砲、歩兵砲といった小型の大砲は存在価値を失い、戦後の陸軍から急速に姿を消していったのであった。

さて、これまで説明してきた各種の歩兵用対戦車火器のうち、もっとも優れていたのはどのタイプであったのだろうか。

戦車を破壊する威力としては、パンツァー・シュレックが群を抜いている。

命中精度からいえばパンツァー・ファウスト、PIATは話にならないほど低い。

また各種の無反動砲は、いずれもかなり大型で、発射するさいには頑丈な架台を必要とする。

このように見ていくと、ここでもまた頂点に立つのは、アメリカが開発したバズーカ砲である。

砲弾の威力は充分でなく、ドイツの重戦車を撃破できないこともあったが、ともかく軽く、扱いやすく、かつ命中精度も高かった。

特にM1を改良したM9は、全長一・五六メートルの発射筒を中折れ式とし、運搬の便まで考慮している。

これに対してパンツァー・シュレックは、発射筒が二メートルと長く、そのうえ発射手保護カバー付でたいへん重く、運搬のことなど全く考えていない。

このあたりにも、

○性能のみを追求するドイツ
○それに加えて使いやすさを常に考えたアメリカ製兵器
の差があらわれている。これに関してはイギリス、ソ連、日本もほぼドイツに近く、兵器の質からみるかぎり、やはりアメリカ製の優秀さが強く印象づけられるのである。
なお、一九四四年からドイツ陸軍は歩兵携行ロケット砲ラケッテン・パンツァー・ビュクッゼを開発するが、これはまさにM1バズーカのコピー兵器であった。

結論

射程こそきわめて短いが、その他の面では歩兵砲を上まわる無反動砲、ロケット砲といった近接戦闘用個人携行型の対戦車兵器は、この戦争の中期以降いちじるしい発展をみた。
しかしそれらの兵器の概要を振り返ると、各国陸軍のこれに対する考え方が千差万別であることがわかる。
日本　必要性を感じていながら開発できず
ドイツ　戦局が不利になってから、ようやく開発、配備に着手
イギリス　必要性を感じていながら、低性能のPIATしか開発できず
ソ連　対戦車砲に頼り、ほとんど開発せず
アメリカ　かなり早い段階から開発し、大量に生産、配備
これらの状況を知ると、やはり余裕を持ってこの兵器をものにしたアメリカ陸軍とバズー

カ砲を評価せざるを得ないのである。

火砲、野戦砲

陸軍が扱う、いわゆる大砲には多くの種類がある。

これらをまとめて〃野戦砲〃と呼ぶこともあるが、各々の定義はなんともはっきりしない。

また榴弾砲、加農砲（キャノン砲）、野砲の違いも第二次大戦の中頃から次第にはっきりしなくなってしまった。

したがってイギリス陸軍のようにこういった区分を排し、口径によって軽砲、中砲、重砲といった分け方に変えた例もある。

しかし一般的には、
○榴弾砲／比較的重い砲弾を低い初速で、中距離に射ち出す火砲
○加農砲／中程度の重量の砲弾を、比較的高初速で長距離に射ち出す火砲
○野砲／加農砲より軽い砲弾を高初速で射ち出し、対戦車砲としても使われる火砲
と考えればよい。

とは言いながら、加農砲と野砲の違いは少なく、そのうえアメリカ陸軍のM2一五五ミリ砲のように榴弾砲と加農砲の役割を兼ねるものさえ存在するのである。

このため正確な分類は不可能であることを、この兵器の評価の最初に記しておく。

さて、軍用機、戦闘車両、艦船などと異なり、大砲、火砲に関してはデータ、資料ともきわめて少ないのが実情である。

またごく特殊なものを除いて、各国の火砲の性能も大同小異なのである。

これに加えて、他の大型兵器とちがって、敵陣に砲弾を射ち込むだけの単純な役割であるから、かなり旧式化しても充分に役に立つ。

したがって火砲に対する一般の関心は低いといわざるを得ない。

ここではいくつかのドイツ陸軍の火砲を取り上げ、その簡単な評価を行なうにとどめたい。

なおドイツ陸軍の火砲には、アルファベットの組み合わせによる分類記号が付けられており、これにより、その火砲の種類、用途を知ることができる。

その典型的なものを参考のために記しておこう。これは同時にドイツ陸軍の火砲の分類に関する考え方を示しているからである。

ＦＨ／野戦榴弾砲
ＦＫ／野砲
Ｆｌａｋ／対空砲
Ｇｒｗ／迫撃砲
ＩＧ／歩兵砲
ＫｗＫ／戦車砲
Ｋ／加農砲

ＬＧ／軽砲（無反動砲）
ＭｒＳ／臼砲
ＮｂＷ／ロケット砲
ＰａＫ／対戦車砲
Ｓｆ／自走砲
なお頭にleがついたらleichter　軽
　ｓがついたらschwere　重
を示す。

たとえば「leＩＧ18」とは、一九一八年に制式化された七五ミリ口径の軽歩兵砲のことである。

ところで、ドイツ陸軍は、ｓＦＨ／重野戦榴弾砲といった呼び方をしていたが、いわゆる〝重砲〟という区分は存在しない。

また対戦車砲ＰａＫは、戦車に搭載された場合には戦車砲ＫｗＫと記号が変わっている。

それではドイツ陸軍が第二次大戦時に保有した主な火砲を掲げる。

○各種の軽砲
口径は各国陸軍と同じ七五ミリである。
18型、36型軽山岳歩兵砲
18型軽野戦砲

38型野戦加農砲
○各種の野戦砲
口径一〇・五センチの火砲が大部分を占める。
16型、18型野戦榴弾砲
18／40型　〃
〃　重加農砲
〃　42型　〃
○各種の重砲
口径は一二・八センチから一七センチまで。
44型、81型加農砲口径一二・八センチ
16型、18型　〃　〃　一五センチ
18型　〃　〃　一七センチ
33型重歩兵砲　〃　一五センチ
18型二一センチ臼砲　〃　二一センチ
〃　重榴弾砲　〃　一五センチ
18型改加農砲　〃　一五センチ
○各種の対戦車砲
35／36型　口径三七ミリ

36型　四七ミリ
38型　五〇ミリ
40型　七五ミリ
43型　八八ミリ

次に典型的な火砲の評価に移ろう。

ドイツ陸軍の火砲の大部分は、第一次大戦後期の設計であり、それは型式番号18型（一九一八年頃制式化）からもわかる。

この型式番号と制式年度は必ずしも一致していないが、一応の目安となる。

日本陸軍の主力野砲であった三八式は、明治三八年（一九〇五年）に制式化された。

これと比べるとドイツ陸軍はそれより一〇～一五年新しい火砲を用いて、第二次大戦を闘った。年度としては、この一九一八年（型）がもっとも多い。

航空機や戦闘車両と異なり、火砲自体の寿命はずっと永い。

アメリカ陸軍が一九三四年（昭和九年）に開発したM2／3榴弾砲が、現在でも多くの国の陸軍で使われている状況からも、この事実が証明される。

ベルサイユ条約の束縛を断ち切って再軍備に取りかかったナチス・ドイツではあるが、軍事費は充分でなく、砲兵部隊の装備については後回しにされがちであった。

これによってドイツ陸軍の火砲は、列強のそれと比較して優れているとは言えなかった。

また、全般的に次のことが挙げられる。

㈠榴弾砲、重砲について牽引車が徹底的に不足し、大部分の砲兵部隊が一九四三年以後も馬匹牽引によっていた

㈡ゴムの原料の不足から、空気入りのタイヤを製造できず、スチール製車輪に頼っていた。これは移動のさいの速度、運搬時の損傷の度合といった点で大きなマイナスであった

㈢砲兵部隊の編成、砲撃管制システムが旧式で、この面ではアメリカ、イギリス、ソ連に大きく劣っていた

またそれぞれの火砲についても、性能的に特筆に値するものは皆無に近い。

強いて挙げるとすれば、次の火砲群であろうか。

○18型一七センチ加農砲

性能の割に軽く、取り扱いも容易であった。また二基の駐退器（ショック・アブソーバー）が有効で、反動も非常に小さかった。

○18型二一センチ臼砲

すでに旧式の兵器とされている臼砲（比較的近距離で使われる口径の大きな、砲身がきわめて短い大砲）ではあったが、安定フィン付の砲弾（レッヘリンク翼付砲弾と呼ばれた）を使い、一七キロの射程を得ている。

○高射砲として開発されたＦｌａｋ八八ミリ砲は、対戦車砲としても広く使われた。

当時各国の対戦車砲の口径は最大でも五〇ミリであり、これらと比べると八八ミリの威力は抜群で、連合軍のもつすべての戦車を撃破することが可能であった。

アメリカ、イギリス、ソ連は最後まで、これを上まわる対戦車砲をもたずに終わった。

○口径漸減砲（ゲルリヒ砲）

ドイツ陸軍は他国に先駆けて一九四〇年頃から、特殊な火砲を対戦車砲として採用している。

これはドイツ人技術者A・ゲルリヒによって一九〇八年に発明された口径漸減砲、別名〝ゲルリヒ砲〟であり、

口径二八ミリの重対戦車銃41型

四二ミリの対戦車砲41型

七五ミリ　〃

の三種が実戦配備となった。

この砲は砲身の内径が一定ではなく、先端にいくほど細くなっており、その比率は二五パーセントである。

砲弾は外側を砲身のライフルによって削られながら加速し、その後砲口から出ていく。

この口径漸減砲の特徴はなんといっても、砲弾の初速を大きくできることで、いずれの砲も一二〇〇メートル／秒を実現している。

したがって二八ミリと小口径であっても、運動エネルギー、貫通力はかなりのものであっ

た。

　また砲自体の重量も普通の対戦車砲と比べたとき、二割程度軽くなっている。

　このように見ていくと、理想的な対戦車砲と考えられるが、その反面二つの原因で、配備されたあとすぐに役に立たなくなってしまった。

　まず砲身の寿命が短いことで、わずか二〇〇発も発射すると交換しなくてはならない。

　次に砲弾の供給が充分に行なわれなかったことである。ゲルリヒ砲は、先端が特別に硬い金属のタングステンによって固められた特殊砲弾を使っている。ドイツはタングステンを産出しないため、この高性能砲一門あたり二一〇発の砲弾しか用意できなかったのであった。

　寿命が二〇〇発という砲身、充分に供給されることのない特殊砲弾により、ゲルリヒ砲は宝の持ちぐされとなる。

　また、砲身自体も内部の機械加工に手間がかかり、製造数は限られてしまった。

　これもまたドイツ陸軍の計画性、先見性の不足を示し

口径漸減砲（ゲルリヒ砲）——タングステン製の特殊砲弾は小口径ながらも貫通力に優れていたが、生産数は限られた

ている。

ドイツ陸軍の火砲のうち、特に優れていたと評価できるものはあまりに少なく、強いて挙げれば、
Ｆｌａｋ／Ｐａｋ／ＫｗＫ八八ミリ砲
が唯一のものではあるまいか。

この最大の理由は、ドイツ陸軍の火砲の開発が連合軍（特にアメリカ）と比較して大幅に立ち遅れてしまった点にある。

先にもわずかに触れたが、第一次大戦末期に制式化された火砲に頼っていたドイツと比較して、アメリカは一九三〇年代に入ると、次々と新型砲を開発していく。

これらは年度が新しい分だけ、すべての面でドイツ軍のものを上まわっていた。

口径別に掲げると、
○軽砲（口径七五ミリ）
ドイツ　18型山砲（一九一八年）
アメリカ　Ｍ１Ａ１　（一九四一年）
○中砲（口径一〇五ミリ）
ドイツ　18式軽榴弾砲（一九一八年）
アメリカ　Ｍ２榴弾砲（一九三四年）
となる。このように開発年度が一五年違えば性能に差が生ずるのは当然であろう。

次に、ドイツの開発年度の新しい火砲（重砲）についても比べてみるが、ここでもアメリカが優れていた。

○重砲（口径一五〇ミリ前後）

旧式な木製の車輪で運用された33型150ミリ重歩兵砲（上）
山岳部隊用の砲を空挺用に改修した75ミリ榴弾砲M 1（中）
ゴムタイヤを採用したソ連製のM1933型76ミリ歩兵砲（下）

ドイツ　18型改加農砲　（一九三八年）
アメリカ　M2一五五ミリ榴弾砲（一九三六年）
18型改加農砲のスタイル、砲架、運搬システムは、M2と比較するとかなり旧式である。
砲自体の性能はほぼ等しいものの、
㈠　運搬の容易性
㈡　砲撃時の安定性
のどちらもM2に軍配が挙がる。
18型はこの時期になっても、ゴム原料の不足のため鉄製の車輪をつかっている。
また運搬時には二対四個の車輪によるが、M2の方はより軽量のゴムタイヤ三対一二個を使っている。
加えて重量で一五パーセント軽く、単位時間当たりの発射速度（回数）は同じく一五パーセント高かった。
18型改は後期型になりようやくゴムタイヤを装備するようになったが、その割合は二割に満たなかったのである。
○対戦車砲（口径三七～八八ミリ）
この種の火砲について、もっとも進歩していたのは間違いなくソ連軍である。

ドイツが三七ミリ対戦車砲を主力としていた時期には四五、四七ミリを、五〇ミリに対しては七六ミリ砲を用意していた。

またこの七六ミリ、そして一九四三年から登場した八五ミリ、一〇〇ミリ砲は、あらゆるドイツ戦車を撃破することが可能であった。

対戦車自走砲にも装備された75ミリ Pak40(上)、榴弾砲のほか、対戦車砲としても使用された25ポンド砲(中)、ドイツ戦車兵から恐れられたソ連軍の76.2ミリ砲M1939(下)

結論

ここではドイツ軍の火砲の評価を、種類別に簡単に述べる。

㈠　軽砲、中砲、重砲

優れた兵器を装備していたドイツ空軍、機甲部隊と比べて陸軍の火砲の能力は決して高いとは言えなかった。

この理由は、軍の関心と予算が新型砲の開発に向けられなかったこと、ドイツが充分なゴム原料を入手できなかったことによる。

㈡　対戦車砲、戦車砲

この分野の火砲に関しては、明らかにアメリカ、イギリスを凌駕していた反面、大陸軍国ソ連の技術に追いつけず、苦戦を強いられてしまった。

なかでもソ連の高性能対戦車砲／加農砲M1939（口径七六・二ミリ）を目の当たりにしたときのドイツ軍の衝撃は、あまりにも大きかった。

㈢　高射砲

ドイツ空軍によるイギリス本土空襲のさい、英軍は口径七五ミリの高射砲しか持っていなかった。

一方、ドイツは早々に大量の八八ミリ砲を用意し――独本土爆撃こそ阻止し得なかったものの――かなりの効果を挙げている。

先に述べたごとく高射砲／対戦車砲／戦車砲として活躍した〝ハチハチ〟が存在しなかっ

たら、ドイツ軍の戦闘力は大きく低下したはずである。

対空火器

航空機、戦闘車両、艦船ほどではないが、第二次大戦中において重要な役割を果たした兵器が対空砲であった。

ある意味でこの戦争の勝敗を決したのは、航空機であったからである。

アメリカ海軍の艦載機の大群によって壊滅した日本海軍、またボーイングB29の絨毯爆撃によって灰燼に帰したわが国の都市、工業地帯は、この事実を如実に示している。

日本の陸海軍は、

○一三ミリ、二〇ミリ、二五ミリ、四〇ミリ（ごく少数）の対空機関銃／砲
○七五ミリ、一二・七センチの高射砲

を使用した。

一方、ドイツ軍は、

短射程　二〇ミリ、三七ミリ機関砲
中射程　五〇ミリ砲（少数）
長射程　七五、八八ミリ高射砲
　一〇五ミリ、一二八ミリ高射砲（ごく少数）

を活用した。

これらのうち、大量に使用された対空砲とその最大、有効射程を掲げると、

	最大射程m	有効射程m
二〇ミリ	二二〇〇	一六〇〇
三七ミリ	四〇〇〇	二八〇〇
七五ミリ	七八〇〇	五七〇〇
八八ミリA	八〇〇〇	五九〇〇
B	一一五〇〇	九三〇〇

となる。

（注・AはFlak〈対空砲〉36／37型、Bはより高性能の41型）

中高度（四〇〇〇～六〇〇〇メートル）を飛行する敵機に対して有効な対空砲は、当然口径七五ミリ以上の高射砲であった。

各国とも艦載高射砲としては一二七ミリ

陸上型としては七五ミリ

が主力だが、ドイツ軍のみ八八ミリを大量に配備していた。

これまで述べてきたとおり対空砲の種類は多いが、ここでは地域防空に活躍した高射砲にかぎって話を進めていきたい。

第二次大戦中、ドイツ本土をめぐる空の戦いの激しさは、とうてい日本の比ではなかった。

この状況を示す数字はいくつも挙げられるが、最終的には連合軍によって投下された爆弾の量によって決められる。

ドイツ本土への投弾量　一七〇万トン

日本本土への投弾量　　一六万トン

とその違いは一〇倍を超えている。

それだけこの攻防戦は〝死闘〟と呼ぶにふさわしいものであった。

また投弾量の差は、そのまま連合軍爆撃機の損失に繋がっている。

ドイツ空襲では八〇〇〇機

日本空襲では　七〇〇機

の大型爆撃機が失われたのであった。

（注・日本での損失には事故によるものを含む）

さて、少しずつドイツ軍の対空砲の評価に取りかかりたいと思うのだが、正直に記せば筆の動きが鈍くならざるを得ない。

なぜなら、ドイツ軍のものに限らずどのような対空砲が、どれだけ効果的なのか、判断に苦しむからである。

またドイツ本土上空の防空戦では、対空砲と戦闘機が協力して闘っているため、それぞれの戦果がはっきりしない。

アメリカ側の資料によると、平均的に、撃墜された四発機について、

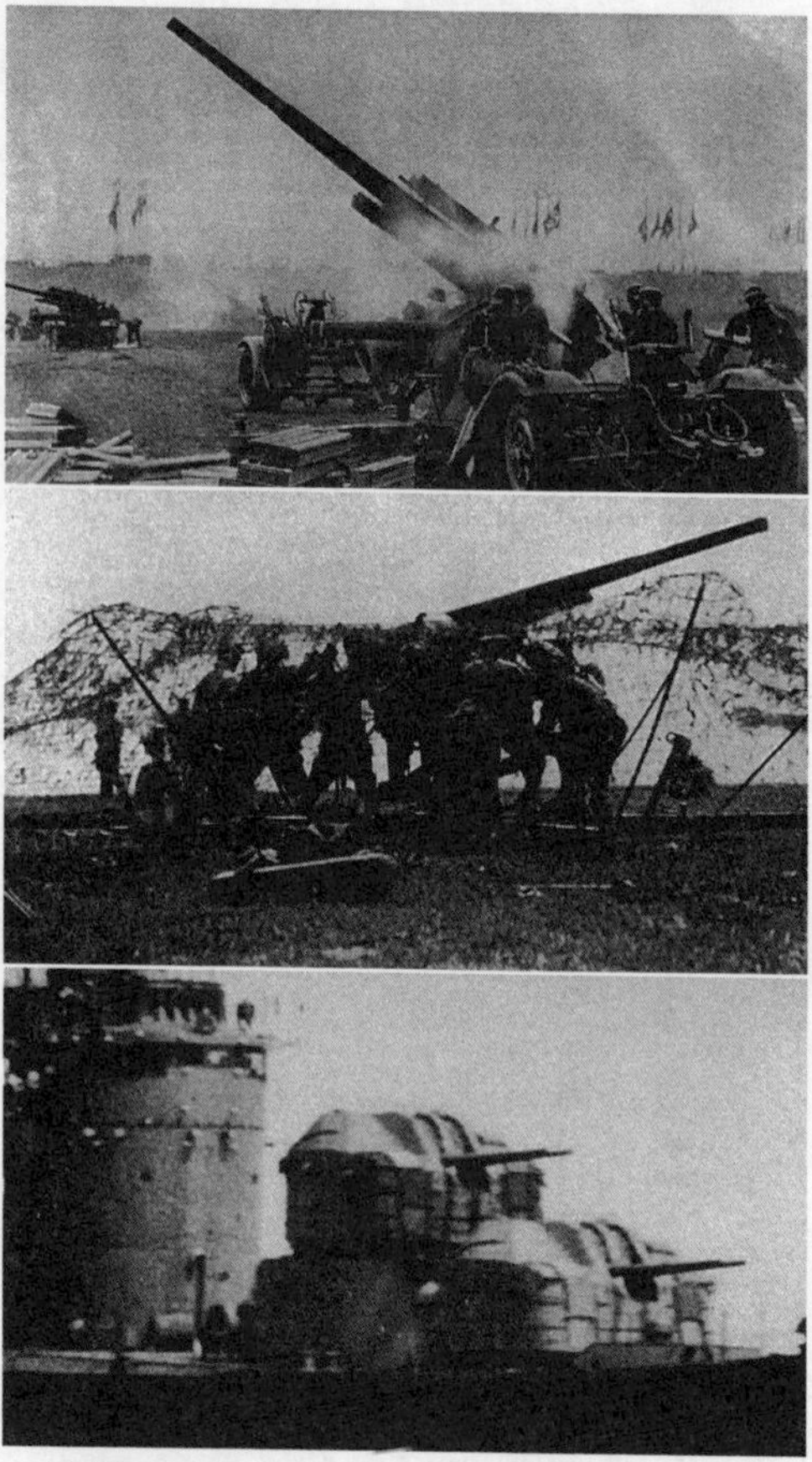

対空砲のほか対戦車砲としても活躍したFlak88(上)、航空機の発達に追いつけなかった八八式野戦高射砲(中)、日本軍高射砲としては、高性能だった九八式10センチ砲(下)

「防空戦闘機八二パーセント、対空砲一八パーセント」となっている。これが正しいと仮定するとドイツの対空砲は一五〇〇機前後の大型機を撃墜したことになる。

これらの大型機が低空を飛行することは稀であるから、このほとんどが八八ミリ高射砲の戦果と考えてよい。

なお、Ｆｌａｋ、Ｐａｋ八八ミリの砲身長比は大部分が五六、後期型の一部が七〇となっていた。

ここで日、独の主力高射砲を比較してみよう。

日本海軍が主力としていた一二・七センチ高射砲（八九式）はあまりに旧式であった。

また砲身長比が四〇、五〇では、その威力は口径の割に強力とはとうてい言えなかった。

加えて陸軍の八八式七五ミリ高射砲も、列強の同級砲と大同小異、あるいは少々劣るといったところである。

日本の高射砲のエースは、海軍の開発した九八式一〇センチ高射砲で、これは砲身長比実に六五！

有効射高一万メートルに達しようとする非常に優れた対空砲といえる。

ドイツの八八ミリ高射砲と比べた場合、
前期型の37／38よりはかなり高性能
後期型の41をも多少上まわる
という評価をあたえることができる。

日独の主要な高射砲

名称 / 要目など	八八式 日本	九八式 日本	八九式 日本	Flak 41 ドイツ
口　径　mm	75	100	127	88
重　量　t	6.8	12.1	—	8.7
砲弾重量　kg	6.6	13.0	23.0	8.9
初　速　m/s	910	1000	720	1000
砲身長比	50	65	40	56
有効射高　m	7500	10000	7000	10500

見方を変えれば、八八ミリ砲は九八式よりわずかに威力が小さいというべきか。

高射砲の性能比較が難しい理由のひとつは、口径の大小が対空砲としての能力と全く結びつかない場合が多々見られるからである。

それは次の例によく表われている。
(一) 日本海軍でもっとも広く使われた八九式一二・七センチ（一二七ミリ）高射砲／有効射程七六〇〇メートル
(二) 陸軍がわずか二門だけ配備した試製一五センチ高射砲／同一万三〇〇〇メートル
つまり実戦配備された時期に大差はあるものの、口径の割に威力に違いがありすぎるのである。
また対空砲の効果も、砲自身の性能と同じくらいに射撃指揮装置（現代でいうところのFCS：火器管制システム）に依存している。
しかしこれまた数値としては表わしにくいのである。
このように考えると、八八ミリ高射砲は、
昼間爆撃を実施する、
アメリカ空軍のボーイングB17フライング・フォートレス
コンソリデーテッドB24リベレーター
夜間爆撃にやってくる、
イギリス空軍のアブロ・ランカスター

クラスの四発爆撃機に対しては、それなりに有効であった。

しかし日本本土に来襲した格段に高性能の、ボーイングB29スーパー・フォートレスを相手にした場合、その能力は全く不足という他ない。

B17、B24の爆撃高度は通常六〇〇〇メートルであったが、B29はそれより五〇パーセントも高く進入してきたからである。

第二次大戦においては、航空機の性能向上の割合が、対空砲のそれを大きく引き離してしまった。

日本の陸軍に関していえば、主力たる八八式高射砲の制式年度は昭和三年（一九二八年）である。

この当時の軍用機の平均的性能は、飛行高度二〇〇〇メートル、最大速度二五〇キロ程度でしかなかった。

しかしそれから十数年、航空機は目覚ましい進歩を遂げ、性能はすべての面で二倍を超えることになる。

その一方で対空砲はほとんど進歩ないまま、大戦に突入した。

これでは航空機対高射砲の勝敗は、すでに闘う前からわかっていたのであった。

これは必ずしも枢軸側ばかりではなく、〝奇蹟の兵器・近接（VT）信管〟を使わないかぎりイギリス、アメリカ、ソ連の高射砲も似たようなものといえる。

このようにどれほどの量を揃えようとも、従来型の対空砲の効果は、航空機の性能の前に消えつつあった。

結論

最終的にドイツの防空陣は、

七五ミリ以上の高射砲　六〇〇〇門

それ以下の対空砲　九三〇〇門

対空戦闘に従事した兵員一〇六万人

（注・いずれも空軍所属の部隊のみ）

と、日本軍の約一〇倍の防空部隊を保有していた。これに約三〇〇〇機を有する戦闘機部隊が加わる。しかし最盛期には一ヵ月当たりのべ四万機以上も侵入してくる連合軍の爆撃機に対して、四・五パーセントしか撃墜できなかった。

この数字は最良のものであり、平均すれば二・五パーセント前後となる。

一方、日本本土における防空戦闘の場合、対空砲による撃墜率は一パーセントに満たなかったと思われる。

たしかにＦｌａｋ36／37／41型八八ミリ高射砲は優秀な兵器ではあったが、それはまた対空火器としての高射砲の限界を示すものといえたのである。

だからこそ大戦末期のドイツは、対空火器による防空に見切りをつけ、

地対空ミサイル
ワッサーファールC２／E２
ラインホテールR１／R３
エンツィアンEE８
などの開発に力を注いだのである。

第四部　戦闘車両

二種の主力戦車

大戦の初期から中期にかけて、ドイツの機甲師団は東西ヨーロッパ、北アフリカを縦横に暴れまわり、その威力を如実に見せつけた。

また動物の名をもった、

タイガー（ティーガー）虎

パンサー（パンター）豹

エレファント（エレファント）象

などの重戦車群は〝力の象徴〟とも言える無骨なスタイルで、歴史にその名をとどめている。

事実、これらの鋼鉄の猛獣たちはそれを操るドイツ戦車兵と共に、一時はほとんど無敵とさえ言い得る活躍ぶりであった。

数の上からは二、三倍のフランス、イギリス、ソ連の機甲部隊を徹底的に打ち負かし、これを上まわる戦力の存在することを許さなかったようにも見られた。

しかし――。

体勢を立て直したソ連、新たに参戦してきたアメリカの〝数の威力〟は、最終的にドイツ軍の機甲戦力を完全に壊滅させるのであった。

他の兵器と同様に、陸上戦力の中心となる戦車の生産数のみをとっても、

ドイツ　　　　二・一万台
アメリカ　　　六・五万台
ソ連　　　　　五・三万台
イギリス　　　三・六万台
イギリス連邦　一・二万台

であるから、単純にいってドイツは八倍近い敵と戦わなくてはならなかった。

これだけ数に差があれば、兵器の能力がいかに優れていたとしても、勝敗ははじめから明らかである。

歴戦のドイツ軍戦車兵、そして優秀な戦車は二倍程度の連合軍とは対等に闘えたであろうが、三倍、四倍まで膨れ上がった敵には必ず敗れる。

この点からは、一九四一年一二月、アメリカがドイツに宣戦を布告した時点で、戦争の行

方は決まってしまっていたのであった。

それでは第二次大戦のヨーロッパ戦線における戦車戦闘の勝敗は、数の差だけで決定したのであろうか。

戦車という兵器は、戦闘機、戦艦などと同じように、その国の技術の頂点に位置している。

ここではまずこのことを念頭において、ドイツの主力戦車に焦点を絞って論じたい。

現在の陸軍では戦闘車両に関して、「軽戦車、中戦車、重戦車」といった大戦時になされていた区分が完全になくなっている。

中心となる戦車はすべて主戦闘戦車（MBT：Main Battle Tank）であって、それ以外の戦車は影を薄くしているのである。

本書の中心となっているドイツ軍にしても、その主力戦車の種類は、

○第二次大戦
Ⅲ号、Ⅳ号、Ⅴ号、Ⅵ号と四種

○現在
レオパルト一種

となっている。
ところで大戦中のドイツMBTを取り上げるとすると、どの車種を挙げるべきであろうか。
先の四種の中から、いくつかの意見を踏まえて、
Ⅳ号戦車　Sdkfz 161シリーズ

V号戦車〝　　　〟171シリーズを選んだ。
これ以外にIII号戦車、そして有名なIV号I型（Sdkfz181タイガー）、VI号II型（Sdkfz182キングタイガー）も候補となるかも知れない。
しかしIII号はIV号の補助的な車両、タイガー系列はどちらもあまりに数が少なく、MBTと呼ぶには無理がある。
その点、ドイツ陸軍の将兵から〝軍馬〟と愛称されたIV号戦車、そして中期から後期にかけて六〇〇〇台も生産されたV号戦車パンサーは充分にMBTに分類することができよう。
なお本来なら記述のさい、
パンサーをパンター
タイガーをティーガー
とドイツ語の発音どおりに記すべきかも知れないが、ここでは英語読みで表記する。
その一方で数字をIII、IVといったローマ数字としたのは、少しでも当時のドイツ陸軍の雰囲気を伝えたいからに他ならない。
また第二次大戦を振り返るとき、単一の戦車の生産台数として、

M4シャーマン　五・一万台　アメリカ
T34／85　三・一万台　ソ連
T34／76　一・九万台　ソ連

M3リー／グランド　一・二万台　アメリカ
Ⅳ号　一・〇万台　ドイツ
Ⅲ号　〇・六万台　ドイツ

などとなる。

（注・原則としてMBTのみを数える。またT／34／85については戦後に生産されたものを含む）

また枢軸側のドイツを除くふたつの中心的な国家、日本とイタリアについては、
九七式、一式中戦車　二五〇〇台
M11／39、M13／40合わせて一五〇〇台
にすぎなかった。またこれら四種の戦車の戦闘重量はすべて一五トン以下で、先に掲げたヨーロッパ戦線に登場した戦車群の約半分でしかない。

一般的に戦車の総合的な戦闘力は、ほぼ重量に比例するのである。

したがって機甲戦に関するかぎり、ドイツは単独で、イギリス、ソ連、アメリカの大戦車部隊と闘わなくてはならなかった。

それでは早速、ある時は電撃戦（ブリッツ・クリーグ）の主役をつとめ、またある時は怒濤のごとく押し寄せる連合軍の前面に立ちはだかったⅣ号戦車とⅤ号戦車にスポットライトを当て、その能力を分析する。

一、緒戦から中期までのMBTであるⅣ号戦車

第一次大戦（一九一四〜一八年）に敗れたドイツは、ベルサイユ条約によって戦車の保有

ソ連戦車に対抗して、改良を重ねたⅣ号戦車の発展型H型(上)、長砲身の50ミリ砲以上の砲を装備できなかったⅢ号L型(中)、新型のドイツ戦車にも対応できたT34/76(下)

を禁じられてしまった。

しかし一九三三年からこの重要な兵器の開発が再開され、まず一五トン級の主力戦車の生産が一九三七年にはじまっている。

これが軍用自動車Ｓｄｋｆｚ141という制式名を持つIII号戦車である。

それから間もなく、より強力な一八トン戦車が必要となり、IV号戦車が誕生する。

III、IV号とも非常によく似ているが当然後者がより大型で、転輪の数がIII号六個、IV号八個であるから容易に見分けることができる。

一九三九年九月、ドイツのポーランド侵攻により戦争が勃発して以来、III、IV号は常に先頭に立ち、連合軍の戦車部隊と死闘を演ずるのであった。

戦争が激しくなると共に、ＭＢＴたるIV号は否応なしに能力の向上を強いられ、それに加えて次々と派生型（いわゆるファミリー）車両が登場する。

しかしここではIV号の車体を流用した、

突撃砲　Ｓｄｋｆｚ166　ブルムベア
駆逐戦車　〃　162　70Ａ
自走対戦車砲　〃　164　ナースホルン
自走榴弾砲　〃　165　フンメル
自走対空砲　〃　ヴィルベルヴィンド

といった車両の説明は省略し、IV号戦車のみについて話を進めていきたい。

ともかくこの主力戦車の型式とその派生型については、一冊の本が書けるほど多くの改良、改造タイプが出現した。

これは戦局がそれらを要求したからであった。

さて回転砲塔を有する〝いわゆる戦車〟としてのⅣ号だけを見ていっても、

初期生産型のA型　五〇台製造から

最終生産型のJ型　一七五〇台製造

まで実にB、C、D、E、F、F2、G、Hと一〇種類もある。

ただしエンジン、車体は最初から最後まで共通であって、主砲の威力および装甲が強化された。

それを簡単に比較すると、

	A型	J型
戦闘重量トン	一八・五	二五・〇
主砲の威力数	一八〇〇	三六〇〇
最大装甲厚ミリ	二五	八〇

となる。

（注・主砲の威力数は口径ミリ×砲身長比で算出している）

つまり同じⅣ号戦車であっても、A型とJ型では主砲の威力は二倍、装甲板の厚さは三倍にまで増強されているのである。

装甲は78ミリと厚いが低速であったマチルダII(上)、操縦性や、整備面での信頼性が優秀であったM４シャーマン(下)

もともと機械的信頼性において優れていたIV号の最大の長所は、車体が比較的大きく、能力向上の余地を有していたということであろう。

この事実はほぼ同時期に配備された、

アメリカ陸軍のM３リー中戦車

イギリス陸軍のマチルダII歩兵戦車A12

と比較した場合、如実に表われる。

○M３リー／グラント

一九四一年制式化

このアメリカ初の主力戦車は、主砲を砲塔ではなく車体前部に取り付けたため射界が制限され、また長砲身の砲を搭載することができなかった。

その七五ミリ砲はたしかに高威力ではあったが、きわめて使いづらかったにちがいない。
M3の生産開始は一九四一年秋からであり、Ⅳ号と比べて四年以上遅い。
設計の時期も同じと仮定すればより斬新なアイディアが盛り込まれるべきであった。
加えて車体前面の直立した位置に大きなハッチを設けるなど、設計の水準も高いとはいえなかった。

○マチルダII（A12）一九三八年制式化

唯一取り上げるべき点は、航空用星型エンジンを流用したことによる製造の容易性か。

ソ連戦車との比較　1942年末

（T34/76対Ⅳ号H型、Ⅲ号L型）

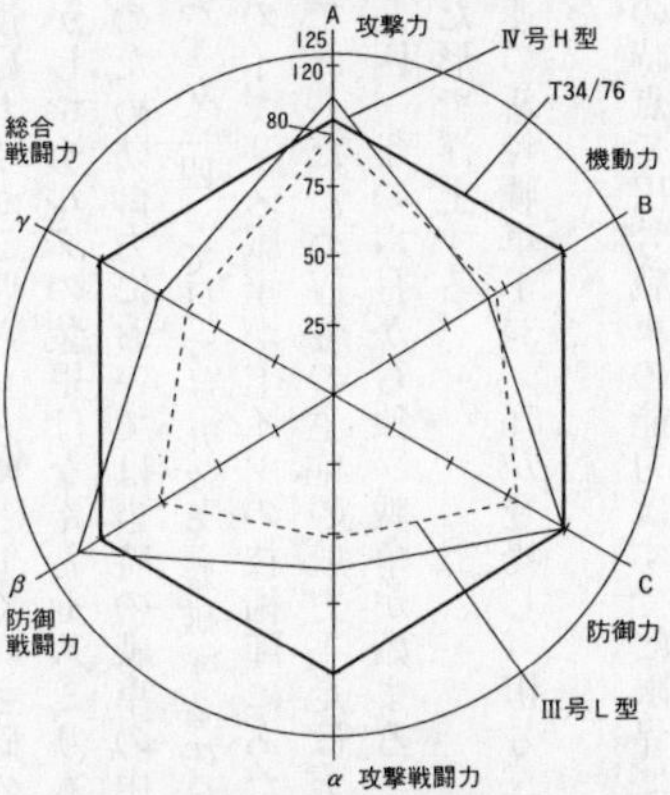

戦争も中期となると、ドイツの旧来の戦車をいかに改良しても、ソ連の新型戦車に太刀打ちできないことが明らかになる。なんとか対抗できるのは、Ⅳ号戦車のF2、H・J型のみで、それも主砲の威力に頼る他なかった。

イギリスは、
高速・軽装甲の巡航戦車
低速・重装甲の歩兵戦車
の二種の戦車を併用して、第二次大戦を闘った。

この用法は明らかに失敗であり、巡航、歩兵戦車という呼び方自体がすでに消滅してしまっている。

Ⅳ号とまず比較したいのは、マチルダの愛称を持つ歩兵戦車MkII・A12である。

速度はわずか二四キロ／時と低く、主砲の口径も四〇ミリにすぎなかった。

しかしマチルダの装甲はなんと七八ミリもあって、Ⅳ号A型の三倍以上となっていた。

このため防御力においては当時の戦車の中で最良といえ、Ⅳ号の七五ミリ短身砲（砲身長比はわずか二四）ではマチルダを撃破するのは難しかった。

このイギリス戦車がドイツの技術陣にあたえた影響は少なくなかったが、戦闘の状況が機動戦であったためⅣ号の主砲の威力不足は大きな問題とはならなかった。

一九四一年の六月から独ソ戦争が始まると、半年もしないうちにこの問題はよりはっきりとした形で浮上する。

ソ連の新鋭戦車T34／76が登場し、Ⅲ号、Ⅳ号といったドイツ戦車を真正面から撃破しはじめた。

この時点でⅢ号戦車の能力はすでに限界に達していた。

最大の威力をもった主砲でもその口径は五〇ミリにすぎず、これでT34の七六ミリ砲に立ち向かうのは、ほとんど不可能であった。

しかしⅣ号戦車は車体のスペースに余裕があり、砲塔の大型化と、主砲の長砲身化がこれといった問題もなく実施された。

七五ミリ	二四	砲身長	威力数	一八〇〇
〃	四三	〃	〃	三三二五
〃	四八	〃	〃	三六〇〇

Ⅳ号，Ⅴ号戦車とそのライバルたち

車種／要目・性能	Ⅳ号 G.J/H型	Ⅴ号 G型	T34/76 1942年型	T34/85 ロジーナ	M4A3 シャーマン	ファイアフライ	チャーチル MK Ⅳ
国名	ドイツ	ドイツ	ソ連	ソ連	アメリカ	イギリス	イギリス
乗員数名	5	5	4	5	5	5	5
戦闘重量 トン	25.0	45.0	26.5	32.0	26.0	33	38.0
接地圧トン/㎡	9.0	8.7	6.4	5.1	9.2	11.5	13.2
全長　m	5.6	6.9	5.9	7.5	5.9	7.4	7.4
全幅　m	3.0	3.4	3.0	3.0	2.6	2.7	2.7
全高　m	2.2	3.1	2.4	2.5	2.7	2.7	3.3
エンジンの種別	G	G	D	D	G	G	G
エンジンの出力　HP	300	700	500	500	400	400	350
出力重量比 HP/トン	15.6	15.6	19.0	15.6	15.4	12.1	9.2
最大速度 km/h	40	47	53	53	42	40	27
航続距離 km	160	180	450	320	160	160	140
主砲口径 mm	75	75	76	85	75	77	75
砲身長比	48	70	45	54	41	55	41
主砲威力数	100	146	95	128	85	118	85
副武装口径 mm×基数	7.9×1	7.9×3	7.6×2	7.9×2	12.7×1 7.7×1	12.7×1 7.7×1	7.7×1
装甲厚　mm	50	100	70	95	90	90	100
登場年度	1942	1943	1942	1943	1944	1943	1943
総生産数　台	9000	6000	2万	3万	5万	600	5600

注・G：ガソリンエンジン，D：ディーゼルエンジンを示す。

と、改良されるたびに主砲の威力は確実に増大していった。

別表に示したごとく、七五ミリの長砲身砲であれば、イギリス、ソ連、アメリカの主力戦車の大部分を撃破できたのである。

この戦時における、「能力向上が比較的簡単に可能」といったところが、兵器の設計上きわめて重要であるのは言を待たない。

よく言われるように、日本海軍の零式戦闘機と、イギリス空軍のスピットファイア戦闘機

ドイツ空軍のBf109戦闘機

のもっとも大きな違いは、ここにあった。

一言で表現すれば、兵器を設計するさい、

「設計の余裕（マージン）」

なるものが常に必要なのである。

IV号の場合、戦車の三要素、

㈠ 攻撃力

㈡ 機動力

㈢ 防御力

について、㈡こそ変わらなかったものの、㈠と㈢に関しては、それぞれに強化されている。

前述の機械的信頼性、設計時の余裕が、一九三七年生まれのIV号戦車を四五年の終戦まで活躍させたのである。

その一方で一九四三年頃からIV号の旧式化は誰の眼にも明らかであった。

特に被弾径始（敵弾をそらせるための、装甲板につけられた傾斜、曲面）のない砲塔、車体は、大きなマイナスとなっていた。

本来なら、わずか三〇〇馬力のエンジン出力を増加させ、新型の砲塔に載せかえるべきであった。

これだけで〝軍馬〟の総合的能力は一挙に倍増したはずである。

戦局の急激な悪化とドイツの鋳造技術の不足が、決して難しいとは思えない〝新型Ⅳ号戦車〟の誕生を不可能にしてしまった。

それにしても「一九三〇年代に開発された唯一の本格的MBT」といった評価を、Ⅳ号は充分に受けるだけの資格を持っていたのであった。

二、新型のMBTたるV号戦車パンサー

日本に約一万人前後、海外では合わせてその一〇倍程度存在すると推測される戦闘車両の研究者、エンスージアストに、

「もっとも好きな戦車は？」

と尋ねたとき、そのほとんどの人たちから返ってくる答えは、

「V号戦車パンサー」

ではないだろうか。

見るからに高い威力を秘めた七五ミリ長砲身砲、引き締まったスタイル、〝豹〟という獰《どう》猛《もう》さと敏捷性を兼ねそなえた見事なまでのネーミング。

欧米の戦車博物館に展示されているパンサーを低い位置から眺めたとき、著者は博物館で

見る日本刀と同じ印象さえ受けることがある。

全体の流れるようなライン、恐ろしいまでの威力を秘めて長く伸びた刀身と七五ミリ戦車砲の砲身など、どちらも兵器、武器として生まれながら芸術的な美しさをも共有している。

制式名・軍用自動車V型 Sdkfz171
と呼ばれるこの戦車は、ソ連陸軍のT34に対するドイツ陸軍の回答として一九四二年に生まれている。

設計開始の一九四一年秋から一年二ヵ月後の誕生と、その時間が著しく短いにもかかわらず、きわめて高性能な戦闘車両であった。

少し前に登場したVI号戦車I型タイガーが、避弾径始もなくしかも鈍重なのに対して、パンサーはその名に恥じなかった。

一九四三年春から、このV号戦車はは東部戦線に姿を見せはじめ、それまで痛めつけられていたT34／76を容易に打ちのめした。

パンサーの口径七五ミリ、砲身長比七〇の戦車砲は、この当時世界最強であった。

総合的な性能では、タイガーの八八ミリ比五六砲さえも凌駕していたと考えても間違いではなさそうである。

登場してからしばらくの間、初期故障に泣かされはしたが、これは決してパンサーだけの問題ではない。

兵器の能力という面から見るかぎり、V号戦車はひとつの完成品といえ、第二次大戦における〝最良のMBT〟であった。

イギリス、アメリカは、最後までこれに匹敵する主力戦車を開発できずに終わっている。

一九四五年に入ってから登場した、

火力や装甲のバランスが良く、ソ連戦車の水準に追いついたV号パンサー(上)、85ミリ砲塔に換装された火力増強型のT34/85(中)、パンサーの影響を受けたレオパルト (下)

イギリス陸軍　センチュリオン中戦車
アメリカ陸軍　M26パーシング重戦車
も、必ずしもV号を上まわる性能を持っているとは言い難かった。
その一方で、パンサーに満点をあたえることはできない。なぜなら〝欠点〟とは呼べないものの、いくつかの問題点が指摘できるのである。
㈠　明らかに大きすぎ、重量が過大
戦車重量を少なくとも五トンほど削るべきであった。ほぼ同じ能力を有する連合軍戦車、
アメリカ　M26　四二トン
ソ連　T34／85　三二トン
と比べて、V号の四六トンはかなり重い。
しかしその一方で、
イギリス　センチュリオン　四九トン
よりは軽かった。
ただし当時にあってM26、センチュリオンは重戦車という分類に入る。
MBTであるならば、
アメリカ　M4シャーマン　三四トン
イギリス　コメット　三六トン
のように重量的には重くとも四〇トン以内にまとめるべきであった。

㈡　複雑な支持／懸架装置、大きな接地圧
いわゆる千鳥型転輪システムを採用し、重量の軽減をはかっているが、その効果は充分ではなかった。

構造が複雑になり、製造のさいの工数は増える。

接地圧はアメリカ、イギリスの戦車とほぼ同じだが、ソ連の戦車よりずっと大きく、また出力一馬力当たりの重量負担が大きい。

戦車の機動力は出力重量比、接地圧に直接左右される。

この点からもパンサーの機動力は不足気味であった。

㈢　ガソリンエンジンの搭載
世界でも珍しいディーゼルエンジン付の航空機（たとえばドルニエDo18飛行艇など）を実用化したドイツの技術陣ではあったが、戦車用のディーゼル発動機を開発できずに終わっている。

Ⅲ、Ⅳ、Ⅴ、Ⅵ号とすべてのドイツ戦車は、燃費が良いとは言えず、そのうえ発火性の高いガソリンエンジンを搭載していた。

航空用ディーゼルより、車両用ディーゼルの方が開発、製作はずっと簡単なように思えるのだが……。

これは、アメリカ、イギリスも同様で、ディーゼルを使っていたのはわずかにソ連と日本のみである。

日本はそれまで出力一七〇、二四〇馬力のディーゼルを生産しており、終戦間近になって四〇〇馬力のものを開発した。

一方、ソ連は一九三九年の中頃には五〇〇馬力のディーゼルエンジンを実用化していた。この戦車用エンジンの開発において、ドイツは大きく遅れをとっていた。

(四) 砲塔の鋳造《ちゅうぞう》技術の不足

III、IV、V号といったドイツのMBTの砲塔は、すべて溶接構造で製作されている。日本、イギリスも同様であるが、アメリカ、ソ連は早くから鋳造技術を開発している。溶接と鋳造を比較した場合、それぞれに長・短所があるのは当然だが、総合的に見れば後者が圧倒的に優れている。

戦後の戦車(特殊な装甲板を持つ戦車を除く)のすべてが、鋳造砲塔を持っていることから見ても、これは明らかである。

パンサーの砲塔は溶接であって、これはアメリカ、ソ連のMBTと比べて不利といえる。長砲身の主砲、無駄のない車体形状、そして多くの戦闘で勝利をおさめた実績を有するV号戦車ではあるが、ここに掲げたようなマイナスの面もエンスージアストは知るべきであろう。

結論

これまで述べてきたように、IV号、V号とも高く評価できるMBTであることには間違いないが、他方〝超一流、第一級〟という位置づけはふさわしくない。

どちらかといえば、Ⅳ号の方がより優れた主力戦車であった。

一九三九～四一年の段階で、Ⅳ号より能力が大きなMBTは探し出せないのである。

Ⅳ号のエンジンと砲塔の改良、いや砲塔に被弾径始を設けただけでもその評価は格段に高くなったであろうが、ドイツの技術者たちはこの点に関しては勉強不足であった。

それは新型の重戦車Ⅵ号Ⅰ型の形状（車体、砲塔ともに）を見ても如実に示されている。

Ⅴ号戦車はその設計、開発期間の短さを考慮したとき、たしかに称賛に値する車両ではあろう。

しかし兵器として見た場合には〝詰めの甘さ〟をいくつも指摘することができる。

重複するが、

過大な重量と接地圧
ガソリンエンジン
大きすぎる車体
複雑な転輪配置
大きすぎる全高
溶接砲塔

ソ連戦車との比較　1943年末

（T34/85対Ⅴ号G型、Ⅵ号Ⅰ型）

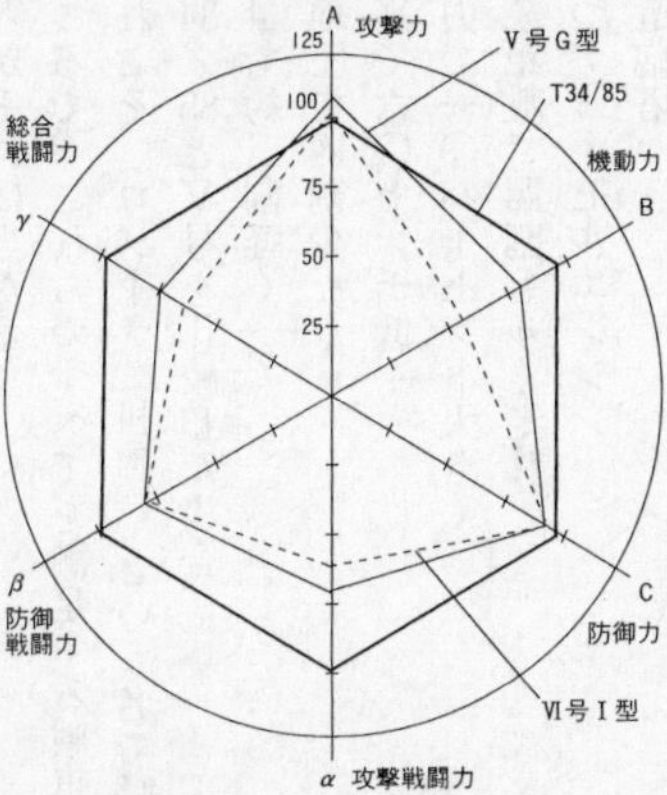

ドイツ軍が新たに戦場に送り込んだタイガーⅠ、パンサー戦車も機動力においてT34シリーズに大きく劣っていた。ただし戦局が不利になると防御戦闘が多くなり、ドイツ戦車の能力が充分に発揮されることになる。

などがそれに当たる。

ところで、これらのすべてを満足する戦車は当時存在したのであろうか。

これこそ〝ロジーナ（祖国）〟という名で呼ばれたソ連陸軍のエースT34／85である。

T34／85とV号を比較した場合、

重量で約三割軽く

接地圧で四割少なく

全高で六〇センチ低く

速力で一〇パーセント大きく

航続距離で四割も多く走れ

かつディーゼルエンジン

鋳造砲塔

となっている。

攻撃力、防御力はわずかにV号パンサーが勝っているが、その差はきわめて小さい。

このように冷徹な目で検討していった場合、「第二次大戦における最良のMBT」という評価は、T34／85にあたえられるべきである。

この意味から前述のⅣ号、V号戦車は一流の戦車とは言い得るが、超一流とは呼べないとの指摘が正しいとわかる。

それはそれとして、

独ソ戦における戦車砲の威力の変遷

	ドイツ陸軍			ソ連陸軍		
登場年月	戦車の型式	主砲の要目	威力数	戦車の型式	主砲の要目	威力数
1941年6月	Ⅲ号D型	37 L 45	100	BT 7/T 26	45 L 46	124
	Ⅲ号F型	50 L 42	126			
	Ⅳ号D型	75 L 24	108			
1941年12月	Ⅲ号L型	50 L 60	180	T 34/76	76 L 31	141
1942年 6月	Ⅳ号F 2 型	75 L 43	194	T 34/76 改	76 L 41	187
	Ⅳ号G	75 L 48	216			
1942年12月	Ⅵ号I	88 L 56	296			
1943年 6月	Ⅴ号	75 L 70	315			
1943年12月				T 34/85	85 L 54	276
1944年 6月	Ⅵ号Ⅱ	88 L 71	375			
1944年12月				JSⅢ	132 L 43	315

注）37 L 45 は口径 37 mm 砲身長比 45 を示す。なお威力数は口径×砲身長比として算出。Ⅲ号戦車D型の威力数をもとに指数化（1665 ベース）している。

緒戦の電撃戦の主役Ⅳ号戦車崩れつつある第三帝国の栄光を守るべく奮戦したドイツ生まれの豹戦車の名称とその姿は、T34／76、T34／85といった優れた戦車以上に我々の記憶に強く印象づけられるのであった。

また戦後はじめて新生ドイツ陸軍が開発した新型戦車レオパルト（英語ではレパード、これまた豹の一種）のスタイルは、どことなくパンサーを想い描かせるところがある。

砲塔のライン、車体後部の形状など、明らかに猫科の猛獣そのものなのである。

このような点にも民族の技術的伝承はたしかに存在するのであった。

さて最後に独ソ戦争（一九四一年六月～四五年五月）における、戦車砲の威力の変遷を表に示しておく。

激烈な戦車戦が延々と続いた東部戦線では、少しでも強力な戦車が——食糧や水と同様に——必要とされたのである。

これはたんなる比喩ではなく、旧レニングラードの攻防戦のさい、ソ連の将軍の一人が後方に発した電文、

「赤軍（ソ連軍）は、日々のパンと同じようにT34（戦車）を必要としている」

によっても明らかなのであった。

戦車の三要素（攻撃力、機動力、防御力）のうちでも、攻撃力の重視こそ、この戦域で生き残るための必須の条件といえた。

当然、前線の将兵から後方の技術者たちに矢継ぎばやの要求が送られ、それにより戦車砲の威力は短期間に驚異的な向上を遂げる。

それを数値で示せば、わずか四年足らずのうちに威力は三倍に達するのであった。

このような技術競争に関して、太平洋戦域の日、米の戦車はほとんど無縁で、

『日本のMBTたる九七式、一式は弱体であるがゆえに、アメリカのMBT・M4シャーマンの能力は充分。独ソ戦のような技術戦争の下地はなし』

といった状況であった。

しかしこのM4も東部戦線に投入されたさいには、種々の団体スポーツにおける補欠の地位から這い上がることが出来なかったに違いない。

独ソ戦争の戦車戦の規模、激しさは、まさに史上最初にして最後であったのである。

重戦車

すでに述べたとおりドイツ陸軍が大戦中期以降に開発した戦闘車両に、猛獣の愛称をつけたことはよく知られている。

戦車では豹《ひょう》、虎《とら》、象《ぞう》

装甲車ではアメリカ豹（ピューマ。ドイツ語ではプーマ）

などが有名である。このうち、

VI号I型タイガー

VI号II型キングタイガー

VI号駆逐戦車ハンティングタイガー

駆逐戦車エレファント／フェルディナンド

はいずれも重量五〇トンを超えている。

特に一二八ミリ砲を装備したハンティングタイガーの重量は、実に七〇トンであった。

これに対してアメリカ、イギリス、ソ連が戦線に投入した重戦車とその重量は、

アメリカ　M26パーシング　四二トン

イギリス　センチュリオンA41　四九トン

ソ連　　ＪＳ３　四七トン

と、いずれも五〇トン以下であった。

ともかくドイツ陸軍は、五〇トンを超える戦車を四種類も実戦で使用しているのである。

この状況からも分かるようにまさに唯一の〝重戦車王国〟と呼ぶことができるだろう。

現代にあって、各国の主力戦車の重量は、

日本　九〇式戦車　五〇トン

アメリカ　Ｍ１Ａ１　五四トン

イギリス　チャレンジャーII　五六トン

ドイツ　レオパルトII　五二トン

ロシア　Ｔ80　三八トン

であり、当時のドイツ戦車と比較すればかなり軽い。

またドイツ陸軍はこれでも満足せず、マウス一八八トン、Ｅ100一四〇トンという信じられないほどの大型戦車を実際に開発していた。

どちらも車体ができあがった段階で終わってしまってはいるが、戦争があと半年も長引けばまさに小山のような巨体を戦場に現わしたはずである。

兵器としてみた場合、別表に掲げたような怪物ともいえる重戦車群をどう評価すべきであろうか。

重量50トン以上の超重戦車

車種 要目・性能	VI号I型タイガー	VI号II型キングタイガー	ハンティングタイガー	エレファント	ポルシェ205マウス	E 100	T 28	トータスA 39
	ドイツ	ドイツ	ドイツ	ドイツ	ドイツ	ドイツ	アメリカ	イギリス
戦闘重量 トン	57	68	70	65	188	140	86	79
全長 m	8.5	10.3	10.7	8.1	10.1	10.3	11.1	10.6
全幅 m	3.7	3.8	3.6	3.4	3.7	4.5	4.4	3.9
全高 m	2.9	3.1	3.0	3.0	3.7	3.3	2.9	3.1
エンジン出力 HP	650	700	700	600	1080	800	500	600
出力重量比 HP/トン	11.4	10.3	10.0	9.2	5.7	5.7	5.8	7.6
主砲口径 mm	88	88	128	88	128	150	105	94
砲身長比	56	71	55	71	55	38	65	71
威力数	4928/100	127	143	127	143	116	138	135
最大装甲厚 mm	110	180	250	200	240	240	300	230
最大速度 km/h	38	35	38	30	20	40	13	19
登場年度	1942	6000	1944	1943	—	—	1945	1945

注・威力数はタイガーI型を100として指数化。

当時の技術で造り得るエンジンの出力はせいぜい七〇〇馬力程度で、これを使って七〇トンの戦車を動かすとすると、重量一トン当たり一〇馬力ということになる。これではあまりに力不足で、平坦な舗走道路ならまだしも、不整地ではほとんど動けなかった。

さらにいかに幅広のキャタピラを装着したところで、ちょっとした泥濘でも足をとられたはずである。

たしかにその主砲の威力はすべての敵戦車を撃破でき、また一〇〇ミリをはるかに超える装甲板は充分に効果的といってよい。

戦車の攻撃力、防御力は、それが俊敏な機動性と組み合わさってはじめて発揮される。

しかしここでもまた、重戦車に関しても、ドイツ人技術者、用兵者の悪い癖が表われた。

VI号I型、II型、ハンティングタイガー、エレファントの四種については、

ガソリンエンジンでモーターを動かす複雑な構造のエレファント（上）と、70トンの駆逐戦車・ハンティングタイガー

(一)　三種のエンジン

(二)　三種の戦車砲

(三)　三種の足まわり

が入りまじっている。

特に駆逐戦車エレファントは、他の戦車には見られないエンジンシステムを持っていた。

これは試作のみに終わったVK4501ポルシエ・タイガーの資材を使って造られた急造の車両であった。

スポーツカーの設計者としてのちに名を挙げる

接地圧が普通の戦車の２倍もあり、戦場での運用が困難であった重戦車、トータス（上）とＴ28。両車共試作に終わった

ポルシェ博士と、そのスタッフが考案したそのエンジンとは、

㈠　一基のガソリンエンジンを動かし、一基の発電機を駆動する

㈡　この電力によって、二基の独立したモーターを介し、左右のキャタピラを別々に動かす

つまりガソリンエンジン／エレクトリック方式なのである。

アメリカの護衛駆逐艦、機関車などでディーゼルエンジン／エレクトリック方式はよく見られるが、ガソリンエンジンとの組み合わせはきわめて珍しい。

結局ポルシェ・タイガーとエレファントは複雑な方式が災いし、ごく少数造られただけで終わってしまった。

このエレファントを含めたドイツ軍の超重戦車が大戦の末期それなりに活躍できた理由は、皮肉なことに押され気味の戦局にあった。

得意の電撃戦のような機動戦術ははるか過去の話になっており、東部、西部両戦線でドイツ陸軍は防戦一方であった。

こうなると戦車の機動力はあまり必要とされず、もっぱら陣地に腰を据《す》えて敵を待ちうけるといった状況になる。

この場合には速度や不整地走行能力は問題にならず、強力な主砲と装甲のみが重要とされた。

このため虎や象は、ほぼ期待された能力を充分に発揮できたのであった。

また戦線が否応なしにドイツ本国に近くなり、工場と戦場の距離が短くなったことも幸いしている。

全長はともかくとして、三・五メートルという大きな全幅は、道路でも鉄道輸送でも大問題という他ない。

陸上輸送の場合、それを載せるトレーラーがなく、また貨車からもはみ出してしまうのである。

これではとうてい遠く離れた戦場へ運ぶのは難しい。

この一事をもってしても、超重戦車はなんとも扱いにくい兵器であった。

Ⅵ号タイガー戦車でもこのような状況なのだから、全幅四・五メートルもあるE100戦車についてては、どのようにして前線まで運ぶつもりだったのであろうか。

重量が一四〇トンもあるから、特殊なトレーラーを開発しないかぎり、陸上輸送は不可能である。

もちろん鉄道輸送も無理で、トンネルや駅を通過できない。

いや、それどころか、一四〇トンもあればほとんどの橋がこの重量に耐えられないのである。

E100、そしてマウスに関して、開発技術者がこの輸送まで考えていたとはとても思えない。

たとえ完成したところで、どうやって戦場まで持ち込むつもりであったのか、ぜひ尋ねてみたい気がする。

しかし——。

ドイツと比べて合理的であったはずのアメリカ、イギリスの陸軍も、同じ時期に似たような戦車／駆逐戦車を開発していた。

アメリカ　T28　八六トン
イギリス　トータスA39　七九トン
である。

この二種の戦車はE100、マウスとは異なり試作車各二台が完成しており、パットン（アメリカ）、ボービントン（イギリス）の戦車博物館で、現在でもその実物を見ることができる。

完成は共に、第二次大戦終了後となってしまったが、ともかく『実際に走行した史上もっとも重い軍用車両』といえる。

ただ、戦争が長引いたところでT28、トータスが量産されてヨーロッパの戦場で活躍したとは思えない。

運搬、輸送においてはドイツと同じ状況が待っているからであり、戦場に持ち込むまでが大仕事となる。

そのうえ接地圧力は普通のMBTの約二倍に達していたから、ちょっとした軟弱な地盤のところでも簡単にもぐり込み、全く動けなくなってしまうはずである。

軍人あるいは軍事技術者が子供でも容易に気付く事柄に全く配慮せず、やみくもに強力な兵器の開発に突っ走ってしまう好例ともいえよう。

一方、ドイツと並び立つ戦車王国ソ連は、このような愚を犯さなかった。

ソ連軍／赤軍も重戦車を次々と登場させてはいるが、

JS1〜3　重戦車

JSU122　重自走榴弾砲

〃152　〃

といった車両でも、その重量は四五トン前後で、ドイツの重戦車の八割以下にすぎなかった。

唯一、KV2型自走砲（一九四一年）のみが五二トンである。

ソ連陸軍はすぐこのKV2の鈍重さに懸念を抱き、わずか三〇〇台で生産を打ち切っている。

そしてその分の生産力をT34／76、T34／85といった主力戦車に注ぎ込み、一台でも多くの車両を戦線に送ったのである。

重戦車に関するかぎり、ソ連の方策がもっとも優れていた事実は何人《なんびと》も覆すことはできない。

結論

軍用機の場合、製造の資材、労力、費用はそれぞれの自重に比例することはよく知られている。

自重三トンの戦闘機、

自重一〇トンの爆撃機

を比較すれば、それらが一対三・三となるわけである。

戦車に関してこの比率はどうなるのであろうか。

製造数によっても異なるものの、やはり重量に比例すると考えても大きな間違いではない。

後期の主力戦車　V号パンサー　四六トン

超重戦車　VI号II型キングタイガー　六八トン

の製造には一対一・四八の手間と費用がかかる。

つまり三台のパンサーか、あるいは二台のタイガーか、といった選択になるのである。

こうなれば結論は自ずから明らかで、一台でも多くの戦車を揃えるべきであろう。

アメリカ、イギリス、ソ連を相手としているのであるから、個々の兵器の質を問うよりも数が必要となるのは言を待たない。

たしかに一九四三年頃から戦線に登場したドイツ生まれの鋼鉄の猛獣たちは、魅力的ではあるのだが、冷徹に分析したときにはやはり徒花《あだばな》に近い存在であった。

そしてまた、それに刺激されたアメリカ、イギリス陸軍の〝付和雷同〟型の超重戦車開発も同様に糾弾されるべきであろう。

突撃砲

ドイツ陸軍が開発し、実戦に投入した大型兵器のうち、もっとも有効に働いたのは、突撃砲　Sturmgeschütz
である。
戦闘車両に興味を持っている読者は、この他国になかった突撃砲についてよく知っているはずだが、一般の人にはそれがどのような兵器か、全くわからない。
そのため、まずその説明から始めよう。

Sturmという単語は、英語にするとAssaultとなる。これを辞書を使って調べてみると、『襲撃、突撃、強襲、攻撃』といった意味であることがわかる。

陣地攻撃や、戦線突破などに威力を発揮したIII号突撃砲B型（上）、長砲身の75ミリ砲に換装したIII号突撃砲（下）

戦後に至ると、旧ソ連が一〇〇万梃以上製造したAK47 Assault Rifle（突撃銃・歩兵用の強力な自動小銃）によって、この単語は広く知られた。

また敵地に兵員、車両を上陸させる大型の艦船を、Landing Assault Shipと呼び、強襲揚陸艦と訳される。

ドイツが開発した突撃砲は戦車の一種であるが、次のような特徴を有していた。

○戦車のような回転砲塔を持っていない。

○短砲身ながら、口径の大きな火砲を装備している。ただしこの砲の射界はかなり制限（上下に二五度程度）されており、近距離の戦闘にのみ使われる。

○装甲（とくに前面）は強力で、また全高が小さく防御力に優れている。

のちにドイツ、ソ連陸軍は突撃砲に似た形の駆逐戦車（もっぱら対戦車戦闘のみに投入される戦車）を大量に製造するが、突撃砲とは装備する砲の種類が異なっている。

突撃砲／短砲身、大口径、短射程

駆逐戦車／長砲身、中口径、中射程

の火砲である。

また任務としては、

突撃砲

主任務／歩兵の直接支援、敵陣地の破壊

副次的な任務／対戦車戦闘

駆逐戦車の場合は、主、副次任務が全く逆になると考えればよい。

ここでほぼ同じ時期の突撃砲と戦車を比較してみよう。取り上げるのは、

III号戦車E型

Ⅲ号突撃砲A／B型

である。Ⅲ号突撃砲はⅢ号戦車の車体、足まわり、エンジンをそのまま流用しているが、その他の部分はかなり異なる。

	Ⅲ号F型	Ⅲ号突撃砲B型
装備火砲	五〇ミリL42	七五ミリL24
全高	二・五メートル	一・九五メートル
最大装甲厚	五〇ミリ	六〇ミリ
戦闘重量	二一・五トン	一九・五トン
乗員	五名	四名

（注．A～D型はほとんど同一タイプである）

突撃砲は回転砲塔を取りはずしたことによって、全高が〇・五メートル低くなった。

これは敵に発見されにくく、また敵弾の命中率を大幅に減少させる効果がある。

そのほか乗員が一名減った分、省力化が実現している。

戦闘室（車内）の容積が拡大され乗員が動きやすくなり、これに加えて搭載する砲弾の数も増加した。

歩兵支援、敵の陣地への攻撃、そして地形を利用した防御戦闘ともなれば、突撃砲は恐るべき効果を発揮した。

Ⅲ号突撃砲A／B型は一九四〇年の初頭から生産が軌道にのり、同年五月のフランス侵攻には間に合った。

当時の陸上戦闘は、守る側が堅固な陣地を構築し、それを頼りに敵の歩兵の攻撃を阻止するという形が多かった。

この陣地を突破、あるいはコンクリートで固められたトーチカを破壊しようとすると、待ちかまえている十字砲火に捉えられることになる。

突撃砲はこのような戦闘のさい、威力を発揮するのである。

歩兵の先頭に立ち、大口径砲で敵陣に砲弾を射ち込み、あるいは接近しようとする味方の歩兵の盾の役割を果たす。

砲の射界が狭いので機敏な動きはできないものの、あらかじめ位置が確認されている目標に対する破壊力は戦車を上まわる。

歩兵にとってこれほど力強い支援はなく、突撃砲に寄せられた信頼は絶大なものがあった。

その一方で敵にとってこれほど恐ろしい兵器は見当たらず、攻撃されたフランス軍兵士が恐怖のあまり陣地を棄てて逃げ出すことさえあったという。

一九四一年六月から開始された対ソ連戦においても、この突撃砲は大いに活躍した。

翌年から登場したⅢ号突撃砲G型は七五ミリL43砲を装備し、実に八〇〇台以上が製造される。

これらに遭遇したソ連軍兵士の手記には、

「ドイツの突撃砲は真に恐ろしい兵器だ。我々はこれに対抗できる兵器を持たない」

といった記述が見られる。

たしかに独ソ戦争の初期から中期にかけて、Ⅲ号戦車の車体を利用して造られた〝Ⅲ突〟の活躍には目覚ましいものがあった。

いわゆる〝遊撃戦、機動戦〟となると、明らかに戦車に劣ったものの、陣地攻撃、戦線の突破作戦ではこれに勝る兵器はない。

回転砲塔を取りはずし、その代わりに大口径砲を搭載、装甲を厚くした装甲戦闘車両というアイディアをドイツ陸軍の誰が考え出したのか今となってはわからないままである。

それでもなお突撃砲は、あまりに勇ましい名称と共に戦闘車両ファンの記憶に残っている。

その後、戦局がドイツにとって不利になるにしたがって、この兵器は変身を余儀なくされていく。

急激に数を増してきたソ連戦車に対処するため、ともかく前述の駆逐戦車、そして対戦車自走砲の充実が必要となったのである。

こうして突撃砲の存在価値は次第に薄れてしまった。

大戦後期の地上戦においては、ドイツ側から見るかぎり、駆逐戦車が主力とならざるを得なくなっていった。

第二次大戦の終了と共に、〝突撃砲〟は完全に姿を消してしまう。

その意味からは、もはや過去の兵器であるのは間違いない。

その一方で、低い姿勢で敵陣にゆっくりと接近していく突撃砲の姿は、ある種の〝兵器というものが持つ凄み〟を我々に示しているのであった。

結論

艦艇の項における〝水雷艇〟と同様に、〝突撃砲〟もまたすでに過去の兵器となってしまった。

しかし強力な火砲と厚い装甲を頼りに、敵陣に迫るこの特殊な戦車は、今日の戦争においてもそれなりの活躍が期待できるように思われる。

大戦中の、特に東部戦線においてドイツ軍の突撃砲はその力を十二分に発揮し、ソ連赤軍の脅威となった。

回転砲塔を持たないかわりに、全高が低くなり、また戦闘室の容積を広くとれるという利点を持つ突撃砲は、状況によってはたしかに戦車より扱いやすい兵器であった。

製造に要する労力（工数）、価格も戦車と比較してかなり少なくなるといわれている。

ただしこの点に関しては、どのような資料も具体的な数値を明らかにしていない。

ドイツ軍兵器を研究する者にとって、この数字はぜひとも知りたい事柄のひとつではある。

それはさておき海外の博物館、イベントなどで、現在も可動状態にある突撃砲をみると、その迫力は戦車さえ凌ぐ、と思われることさえある。

車体の大きさ、エンジン出力などは、母体となっている車両と変わらないのだが、なんといっても背（全高）が低いので全幅が大きく感じられ、その分逞しさが増しているのである。

突撃砲の評価はすでに本文中で言い尽くしているが、形のうえからもこの兵器はドイツ陸軍のシンボルとも言い得るはずである。

装輪装甲車

日本陸軍を例外として、第二次大戦中の列強陸軍は多数の装輪（タイヤ付）装甲車を戦線に投入した。

その設計思想およびスタイルには、それぞれの国の特徴が非常によく表われており、まさに技術競争そのものとなっている。

ここではこれらのうち、半装軌式車両／ハーフトラック、装軌式車両／キャタピラ付装甲車には触れず、前述のごとく車輪のみによって動く装甲車について比較を行なう。

装輪装甲車は戦車などの装軌車両に比べて次のような長所と短所を持つ。

㈠不整地通過能力ではキャタピラ付車両に少なからず劣る

車輪の接地圧、懸架装置の構造からいって、重量に制限がある。したがって強力な火砲の搭載、分厚い装甲板の採用は困難となる

㈢機動力（特に最高速度）、機械的信頼性に関しては、充分に高い。また価格はキャタピラ付車両の数分の一である

つまり、全体的な戦闘力は低いものの、きわめて扱いやすい戦闘車両とみてよい。

日本の陸軍がごく少数の、
九一式装輪装甲車　6×6
ピッカース・クロスレーM25装甲車　4×4
を除いて、この兵器に興味を示さなかったことは信じられないのである。
それはともかく、大戦初期の対ポーランド、ベルギー、フランスへの電撃戦のさい、ドイツ陸軍は、この装輪式装甲車を実に有効に利用した。
I、II、III、IV号といった戦車に焦点が当てられがちであるが、電撃戦の主役は戦車より数段故障の少ない装甲車であったとする研究者もいるほどである。
ドイツは列強の陸軍の中でももっとも早くから、この兵器の価値を認識していた。

この理由はなんといっても、ヨーロッパの完備された道路網であった。

それでは第二次大戦時の装輪式装甲車をかなり乱暴に軽、重に分け、その評価を行なう。

一、軽装甲車

この分野における代表的な車両はドイツ陸軍のSdkfz222である。低いシルエット、複雑な直線の組み合わされた車体など、兵器としてひとつの完成度を見せている。

エンジンの出力こそ今日の眼から見れば弱体の七五馬力であったが、高い信頼性に支えられ、偵察、軽攻撃にと縦横に活躍した。

この222シリーズはのちの装甲車に大きな影響をあたえており、その証拠としてはソ連陸軍

連合軍の装輪式装甲車

要目・性能＼車種	M3 ホワイト	M6 スタッグハウンド	M8 グレイハウンド	ダイムラーディンゴ	AEC	BA 64	BA 10
	アメリカ	アメリカ	アメリカ	イギリス	イギリス	ソ連	ソ連
種別	軽偵察車	偵察装甲車	装甲車	軽装甲車	重装甲車	軽偵察車	重装甲車
駆動方式	4×4	4×4	6×6	4×4	4×4	4×4	6×4
戦闘重量 トン	4.0	14.0	7.7	3.1	11.2	2.4	6.5
全長 m	5.6	5.5	5.0	3.2	5.2	3.7	4.7
全幅 m	2.0	2.7	2.5	1.7	2.7	1.5	2.1
エンジン出力 HP	110	97	110	55	105	50	50
主砲口径 mm	—	37 mm 戦車砲	37 mm 戦車砲	7.7 MG	40 mm 戦車砲	14.5 MG	45 mm 戦車砲
副武装口径 mm	12.7 7.7	7.7 MG	—	—	7.92 MG	—	7.62 MG
最大装甲厚 mm	15	45	20	8	25	10	10
最大速度 km/h	110	90	85	70	65	70	55
航続距離 km	550	730	560	320	400	280	200
出力重量比 kg/HP	36.4	144	70.0	56.4	107	48.0	130
乗員 名	3	5	4	2	3	2	4
生産台数 台	20000	6900	12000	6600	500	不明	2700
登場年度	1941	1942	1942	1938	1941	1942	1935
主な用途	偵察 輸送	偵察 軽攻撃	偵察 軽攻撃	偵察	軽攻撃	偵察	偵察 軽攻撃

注・駆動方式の欄：4×4は，4つのタイヤのすべてを駆動することを意味する

唯一の軽装甲車ガスBA64型に見られる。Sdkfz222とBA64は、写真（次ページ）のごとくきわめてよく似ている。

とくに少しでも敵弾の威力を減少させようと考えられた車体側面の傾斜装甲板は、そっくりと言ってよい。

これに比べてイギリスのディンゴ、ハンバー装甲車などはともかく不細工で、取り上げるべき長所はない。

この二種に加えてガイ装甲車も大同小異で、スタイル、性能とも222型と比較してかなり格下であった。

ともかく大戦中のイギリス装甲車は、間に合わせの車両ばかりでドイツの足元にも及ばなかった。

強行偵察に使用されたSdKfz222と(上)と、SdKfz222と同様のスタイルをもっていたソ連陸軍の軽装甲車ガスBA64

この理由のひとつとして、イギリス軍には傑作装軌式装甲車ブレンガン・キャリアー／ユニバーサル・キャリアーがあり、装輪式はあくまで付け足しでしかなかったことが挙げられよう。

このオープントップのキャタピラ付万能車は、カナダ、オーストラリアにおける分を含めると、実に八万台も製造された。

したがってイギリスは

前線で警戒等に使用されたダイムラーMk IIディンゴ(上)と、構造がきわめて簡単であった米軍のM3スカウトカー

装輪装甲車の開発に熱心ではなかったのである。

一方、アメリカも自動車王国の名をほしいままにしながら、装輪車には興味を示さずにいた。

しかし戦争が勃発すると、あわてて中型のM3スカウトカー／ホワイト4×4を開発、配備する。

これまたきわめて特徴のない車両で、四角い箱の四隅にタイヤをつけただけといったスタイルであった。

一応一五ミリ厚の装甲板を取りつけているものの、それに傾斜は全くついていない。

したがって機関銃の銃弾でも容易に貫通し、防げるのは小銃弾、手榴弾の弾片程度であろう。

またオープントップなので、本格的な戦闘には投入できず、スカウトカーの名称どおり偵察のみに使われる。

戦闘用の車両として見た場合、M3はすべての面で222型に劣る。

しかしながら、もう少し詳しく調べていくと、アメリカ陸軍の装輪式軽装甲車に対する合理的な設計思想が浮かび上がってくる。

それは多分、次のようなものであったに違いない。

「もともと4×4の装輪式装甲車の能力など――いかに知恵を絞ろうと――たかの知れたものである。

とうてい戦車に対抗できるはずもなく、装備する火砲も貧弱となる。

それならばはじめから過大な期待などせず、その分を数で補えばよい。

構造を簡素にし、生産しやすく価格を引き下げることがなにより重要なのである」

たしかに言われてみればそのとおりかも知れない。

この結果、両車の製造数を調べてみると、

Ｓｄｋｆｚ222（ファミリー／派生型のすべてを含む）　二四〇〇台

Ｍ３ホワイト　二万二〇〇〇台

となり、Ｍ３は約一〇倍も造られている。

ここでもまた、アメリカの、

○兵器としての割り切り方

○性能が平凡な兵器については、数で敵を圧倒する
　とする思想が読み取れるのであった。

二、中および重装甲車

先に装輪式装甲車を軽、重に分けると記したが、正確にいえば戦闘重量一〇トンを超すような〝重装甲車〟を保有したのはドイツ陸軍のみである。

各国の主力装甲車の重量を比べてみると、

アメリカ	M8グレイハウンド	6×6	七・七トン
ソ連	BA6／10	6×4	五・一トン
イギリス	ハンバーMkⅣ	4×4	七・一トン
イタリア	AB40／41	4×4	六・九トン

である。

唯一ドイツ陸軍の、

Sdkfz234ピューマ8×8

のみが一一・七トンと約二倍の重量となっている。

またタイヤの数からいっても、八つもついているのはドイツの重装甲車のみとなっている。

正確に分類すれば、ドイツの八輪装甲車もエンジン、サスペンションによって二種に大別されるのだが、ここではひとつの車両として扱うことにしたい。

ドイツ軍の装輪式装甲車

要目・性能 ＼ 車種	Sd kfz 221	Sd kfz 232	Sd kfz 231	Sd kfz 234
種別	軽装甲偵察車	重装甲車	重装甲偵察車	重装甲偵察車
駆動方式	4×4	6×4	8×8	8×8
戦闘重量 トン	4.0	5.5	8.3	11.7
全長 m	4.8	5.6	5.9	6.8
全幅 m	2.0	1.8	2.2	2.4
エンジン出力 HP	75	150	150	180
武装口径 mm	7.92 MG	20 MG	20 MG	50 対戦車砲
副武装口径 mm	—	7.92 MG	7.92 MG	7.92 MG
最大装甲厚 mm	8	8	15	30
最大速度 km/h	90	70	85	80
航続距離 km	320	300	300	900
出力重量比 HP/トン	53.3	36.7	55.3	65.0
乗員 名	2	4	4	4
生産台数 台	2600	150	600	100
登場年度	1935	1932	1936	1943
主な用途	偵察	偵察	偵察	軽攻撃
シリーズ型式	221～223	232～263	231～232	—

注・シリーズ型式とは派生型（ファミリー）を示している。

さて重量が一・五倍ないし二倍も大きいだけに、ドイツの重装甲車はあらゆる面で強力であった。装備する火砲の口径は五〇ないし七五ミリで、連合軍の三七ミリ（M8）、四五ミリ（BA6）とは比較にならない威力を持つ。

装甲板の厚さについてはドイツの四〇ミリに対して、それぞれ二〇ミリ、一〇ミリと貧弱である。

エンジン出力はこれまた二二〇馬力対一〇〇馬力、五〇馬力であった。

つまり234型は、M8、BA6と比較した場合、総合戦闘力（攻撃力、防御力、機動力）で二、三倍の能力を持っていたと考えられる。

少々旧式のBA6／10は当然としても、新型の、

M8グレイハウンド

M6スタッグハウンド

にとってさえ、八輪重装甲車は真に恐ろしい相手で、正面から立ち向かうことなど不可能である。

それにしてもピューマの構造の複雑さは、その能力を勘案しても、驚くべきものであった。

50ミリ砲を装備していたSdkfz234ピューマ(上)、トラックの部品と構造を流用した装甲車M８グレイハウンド(下)

かつて著者はこのSdkfz234のプラスチック・モデル（縮尺は1／30）に取り組んだことがあるが、八輪すべてが独立のサスペンションなのである。そのうえ八輪が位相差操向（ハンドルを切ったときの車輪の角度がすべて異なる）となっていた。

これらのシステムはいずれも専用設計であり、ピューマの製造には膨大な工数、費用がかかることがアマチュアである著者にさえよく理解できた。

一方、なんとなくひ弱なM8グレイハウンドは、トラックの部品とその構造まで流用し、〝お手軽装甲車〟といった感が強い。これは三七ミリ戦車砲をもつM6 4×4スタッグハウンド装甲車に関しても同様なのであった。

結論

ドイツの装甲車は、すべての性能面で連合軍のそれを大きく引き離していた。設計のさい、用兵者の要望が詳細に検討され〝兵器の質〟ということから見るかぎり最大の評価をあたえるべきであろう。

軽装甲車としてのSdkfz222シリーズ

重　〃　Sdkfz234　〃

は、共に第二次大戦における傑作装甲車といえる。

とくに後者は現代の装輪式装甲車の始祖と位置づけることもできよう。

アメリカ海兵隊のLAV25ピラニア

陸上自衛隊の九六式装輪装甲車

南アフリカ開発のG6ルーイカット

ロシアの標準的な装甲兵員輸送車BTR60／80

などが、すべて八輪でピューマとほぼ同じ構造を持っている事実を知ると、ドイツ陸軍の先見性が明らかになる。

ただ繰り返しになってしまうが、アメリカ、イギリス、ソ連といった大国を相手とした戦争中に開発された車両として八輪装甲車を考えると、疑問は次から次へと湧いてくるのであった。

その最たるものは、一台でも多くの装甲車が必要とされているとき、あのような複雑な構造の車両を製造していてよいのか、ということである。

このように見ていくと——多分、他の製品も同様であろうが——兵器の評価についてはあまりに多岐にわたり、評価そのものの方法がわからなくなる。

いわゆる〝質と量〟の問題は、兵器の設計者、用兵者のどちらにとっても、最後まで解答が得られないものなのであった。

第五部　その他の兵器

報復兵器

第二次大戦中のドイツは、他の国々が全く開発、保有できなかったいくつかの新兵器を実戦に投入したが、その代表的なものが〝報復兵器 Vergeltungs Waffe〟と呼ばれた二種のミサイルである。

この頭文字をとってＶ１、Ｖ２と名付けられ、戦争の中期以降西側連合軍に衝撃をあたえた。

またこの兵器開発についての先見性、技術的水準ともに世界の最先端を行くものであり、戦後に至るもこの評価は少しも変わっていない。

名前だけはよく耳にするＶ１、Ｖ２号であるがその実態はあまり伝えられておらず、したがってこの説明からはじめることにしよう。

第一次大戦に敗れたドイツは、ベルサイユ条約によってその後の軍備に関し厳しい条件がつけられていた。この中に大砲の口径、射程の制限があって、強力な加農砲、榴弾砲の開発と保有は不可能であった。

これに不満を感じていたドイツ陸軍は、すでに一九三〇年からロケット兵器の研究に取りかかり、三三年、ヒトラーのナチ党が政権を握ると同時に、この兵器の開発に一層拍車がかかる。

しかしそのベルサイユ条約による軍備制限が、逆に他国の遠くおよばない新兵器の実用化を促してしまったのは歴史の皮肉という他はない。

また、折から着実に進歩しつつあった科学研究用ロケット技術がこれに結びつき、驚異的な性能を持つV号兵器が生まれたのであった。

これから説明するV1はともかく、V2こそ、現代の大型ロケットの始祖ともいうべきものである。

一、V1

正しくはフィゼラーFi103と呼ばれるこの兵器は、史上初の巡航ミサイルである。

一九四三年末、初めて発射に成功したあと、実に二万発近い製造が行なわれ、そのうちの半数が実戦で使われた。

V1は簡単な構造のジェットエンジン(パルスジェット)を上部に背負う形で装備し、時速六〇〇キロで三〇〇キロの距離を飛行する。装着している爆弾の重量は八五〇キロであった。

連合軍の大陸進攻いわゆるノルマンディ上陸作戦が開始された一九四四年六月上旬、これに〝報復〟するようにV1は占領地フランスの基地から敵国の首都ロンドンに向け発射される。

長いレールのついた地上の発射台から打ち出される場合がほとんどであったが、なかにはハインケルHe111、ドルニエDo17といった爆撃機を使った空中発射も行なわれている。一九九一年の湾岸戦争（イラク対多国籍軍）で大量に使用され一躍その名を轟かせたアメリカ製のトマホーク巡航ミサイル（BGM／AGM109など）も、同様に地上、空中そして潜水艦から発射が可能となっている。

さて打ち出されたV1はパルスジェット独得の轟音を撒き散らしながら、ジャイロを使った航法装置によって目標に向かう。

もちろん、個々に小さな目標を識別するシステムはもっていないから、大都市、工業地帯、広大な軍事基地を狙うことしかできない。

具体的にはロンドンと、連合軍が奪回したあとのオランダの港町アントワープが目標となった。

ロンドンには九ヵ月間に二五〇〇発

アントワープには五ヵ月間に一八〇〇発

が落下した。後者の被害は報告されていないが、ロンドンでは一万人の死傷者と一七〇〇万ポンドの物的被害が出ている。

ロンドンを爆撃した史上初の巡航ミサイルV１(Fi103)。飛行高度と速度が低いという弱点をつかれ、その多くが撃墜された

たしかにV１は画期的な兵器で史上初の、無人飛行爆弾／巡航ミサイルとしての数々の技術的特長を持っていた。

しかしその反面、飛行高度、速度のいずれもが低かったため、連合軍側によって比較的容易に阻止されてしまった。戦闘機、高射砲、阻塞気球（ネット付の大型バルーン）の組み合わせにより、

ロンドン周辺では六五パーセント

アントワープでは九五パーセント

が撃墜されている。

なにしろV１は低空を直線飛行してくるので迎撃は簡単であり、イギリスの戦闘機パイロットの中には一人で一五機を撃墜した者さえ現われている。

それでもなお夜間の迎撃は——V１が普通の飛行機より小さいだけに——多少難しかったものと思われる。

Ｖ１が連合軍にとって脅威となったのは、対策が充分とは言えなかった最初の三ヵ月だけであった。

ドイツ側もこの事実を知り、開発の努力を次のＡ４に傾注する。

○Ｖ１の要目と性能

エンジン　アルグス・ロール014型パルスジェット最大推力三九〇キログラム

寸法　全長八・三メートル、全幅五・四メートル

　翼面積五・一平方メートル

重量　発射重量二・二トン

　爆薬〇・八五トン

性能　飛行高度三〇〇〜二五〇〇メートル

　最大速度六四〇キロ／時

　航続距離二四〇〜三三〇キロ

（注・ロンドンに向けて発射された約八〇〇〇発のＶ１のうち、

　戦闘機により一八五〇機〈発〉

　対空砲により一八八〇機

　気球により二三〇機

　が撃墜された。また残る四〇〇〇機の約半数が各種の機械的故障によって途中で墜落している。ロンドンあるいはその周辺まで到達したＶ１は約二三〇〇機〈発〉である）

二、V2／A4

V1（フィゼラーFi103）については、アメリカ、イギリスが同様の兵器を開発、製造しようとした場合、それは容易に可能であったと推測される。

一九三〇年代の終わりには、航空機の自動操縦システムはすでに実用化されていたからである。これを飛行爆弾用として改良することは特に難しくはない。

米、英がこの種の兵器に取り組まなかったのは、たんに費用／効果を考えた結果と見るべきであろう。

ロケット兵器V2。音速を遙かに超える高速で飛ぶため迎撃は不可能だった

ところがドイツ軍が一九四四年の九月から投入したV2（正式名は大型ロケット兵器A4）ミサイルは、V1をはるかに凌ぐ恐ろしい威力を持った新兵器であった。

航続距離こそ短いが、明らかに現代のIRBM（中距離弾道弾）に匹敵するものであり、当時これを阻止する手段は全く存在しなかった。

七五〇キログラムの弾頭を装着した

地対地ミサイルは、最大速度二九〇〇キロで最大高度二四〇キロの天空を駆け、発射からわずか五分後に目標に着弾する。

戦闘機、対空砲、気球とも全く役に立たず、唯一の対抗手段は発射基地を襲い、これを破壊するのみであった。

しかしV2の発射台の多くは移動式であり、ドイツ、オランダの深い森の中に隠され、その発見には多大な労力を要求された。

そしてまたドイツ軍は多数のダミー、囮《おとり》ミサイルを配備していた。

このV2が落下してくるさいには音速の二・三倍という高速のために、音も聞こえず、姿もほとんど見えない。

ただ思わぬ場所、思わぬ時に突然大爆発が起こり、これによってV2の着弾の事実を知るわけである。

V2によるロンドンの被害は、
死傷者九三〇〇名
物的損害一五〇〇万ポンド
と伝えられている。

このミサイルは液体燃料（液体酸素＋エチルアルコール）エンジンを使った、いわば本格的なロケットであった。

もちろん実験中、そして実戦投入にさいして多くの事故を引き起こし、信頼性は高いとは言えなかった。事実、製造された数も四〇〇〇発、このうち発射、飛行に成功し、ロンドンに落下したものは四分の一程度といわれている。

しかしそれから五〇年以上を経た現代にあっても、ロケットの打ち上げ失敗は決して珍しいことではない。

一九九六年という一年を見ても、重量三〇トン以上のロケットの成功率は八二パーセントにすぎないのである。

（注・数値は民間用、あるいは民間／軍事共用のみ。純軍事用に関しては不明）

これほど液体ロケットの制御には高度の技術が必要とされる。

この状況を知れば、V2こそ〝ドイツ技術の華〟と言い得るのであった。

○V2／A4の要目と性能

寸法　全長一四メートル、直径一・七メートル

　　　安定ヒレ幅三・六メートル

重量　発射重量一三トン

　　　燃料八・八トン

　　　爆薬〇・八トン

性能　飛行高度（弾道）八〇～四八〇キロ

　　　最大速度マッハ四・三

　　　着弾時マッハ二・三

飛行時間　最大五分三〇秒

航続距離／射程八〇～四八〇キロ

（注・V2の弾頭の重量に関しては七〇〇、七五〇、八〇〇、一〇〇〇キログラムと資料によって大きく異なっている。戦後アメリカは約二〇〇発、ソ連は三四〇発のV2を戦利品として本国へ持ちかえり、種々のテストを行なった。アメリカのテストでは、最大五四〇キロの高度に達している。またV2の航法装置として、初めて慣性誘導システムが使われていた）

結論

連合軍および枢軸側の日本、イタリアが全く持ち得なかった二種のV号兵器は、ドイツの科学、工業技術力を世界中に認識させた。

どちらの兵器も信頼性という点からは高いとは言えなかったが、戦争を続けながらの開発という状況を知るかぎり、いかに評価してもしすぎることはない。

V号兵器、特にV2についてアメリカ、イギリスは少なからぬ衝撃を受けた。

D・アイゼンハワー連合軍最高司令官は、

「もしこの兵器が半年早く完成していたら、連合軍の大陸進攻は大きく遅れ、最悪の場合不可能になっていたかも知れない」

と、その著書の中で述べているほどである。

すでに述べてきたとおり、ドイツ空軍の爆撃機の能力が、連合軍のそれと比較していちじるしく低かった分だけ、V1、V2の威力が強調された。

ただ技術的に見ると、V1とV2の間には極めて大きな技術格差が存在する。

かつて著者は、プロパンガスを燃料としたパルスジェットエンジンを自作した経験を持つ。推力一〇キログラム程度の小型のものだが、それなりに工夫すればともかく自分で作ることができた。

これを拡大して簡単な自動操縦と組み合わせれば、V1と同程度の無人機を誕生させるのは決して難しくない。

パルスジェットは静止推力が小さいので、発射にさいして加速させてやらなければならないが、それは固体ロケットあるいは火薬の力で可能となる。

アイディアとしてのV1は大いに称賛されるが、技術としては平凡であった。

また相手に簡単に阻止されてしまっては、兵器としての質は高いとは言えないのである。

加えて命中率はきわめて低く、最大射程においては、半径二五キロの円内に落ちればよいといった程度であった。

他方V2ロケットは、全く違った能力を持ち、現在でも充分に通用する兵器ではあるまいか。

○アメリカが一九五〇年代に開発した地対地短距離ミサイル

ＳＳＭ‐Ａ‐14　レッドストーン

射程四〇〇キロ

○ロシアが最初に配備（一九五〇年）した

ＳＳ‐１Ａ　スキャンナー

射程三〇〇キロ

などは、Ｖ２とほぼ等しい能力をもつ。なおＳＳ‐１Ａは外観も内部構造もＶ２にそっくりである。

またアフガニスタン戦争（一九七五年〜八八年）、湾岸戦争で使われたＳＳ‐１Ｂスカッドも Ｖ２の発展型といえる。

発射重量一三トンの液体燃料ロケットを実用化し、また外部からの援助なしに目標に到達できる慣性誘導装置を造り出したドイツの科学者、技術者に対しては最大限の敬意を表したい。

結局のところ、第二次大戦において枢軸側の軍事技術が連合軍を大きく凌駕していたのは、わずかに、

㈠Ｖ２／Ａ４に代表される液体ロケット

㈡Ｈｅ293、フリッツＸなどの空対地ミサイル

㈢ワルター機関装備の高速潜水艦

㈣Ｍｅ262、Ａｒ234といったジェット軍用機

の分野だけであったと思われる。

その中でもアメリカ、イギリス、ソ連を大きく引き離していたのが、(1)のロケット技術であったのである。

また見方を変えれば、これだけ優れた軍事技術を有していたドイツが、真に優秀な戦車、重爆撃機、航空母艦といった――ある意味ではしごく単純な――大型兵器を保有できなかったことはあまりに不可解であるというしかない。

各種のレーダー

世界のほとんどすべての地域を巻き込んだ第二次大戦の勝敗を決したものとしては、まず連合軍側の総合的な国力が挙げられる。これはすべての人々が最初に口にする事柄であろうが、それではふたつ目にはどのような兵器が取り上げられるのであろうか。

それを技術面に限れば、答えは電波を使って遠方の物体の存在を探るレーダーではないかと思われる。

陸上戦闘はともかく、空と海の闘いにおいてこの兵器の性能の優劣は、そのまま戦闘の勝敗に直結したのであった。

今でこそレーダー（Rader）という言葉はごく一般的に使われているが、これは、Radio detection and ranging（電波による探知と距離の測定）の頭文字をつなげて作られたものである。

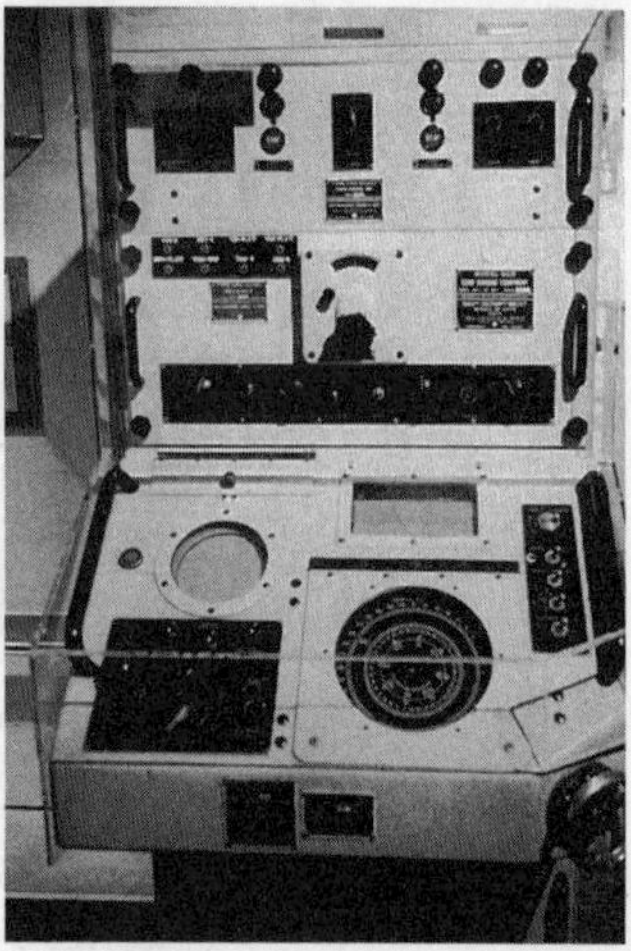

初期の対空見張り用レーダー。方位、高度、距離をしめすブラウン管がある

空中、海上――現在では陸上も――の目標の「方位角、高低角、距離」を瞬時に測定するこの電波装置は、短期間のうちに近代戦になくてはならない兵器になった。

太平洋戦域では日本海軍がこの分野においてアメリカに格段に劣っていたため、昭和一七年（一九四二年）の秋以降、戦闘の勝利とは全く無縁になってしまった。

海戦ではサボ島沖海戦　一九四二年一〇月
航空戦ではマリアナ沖海戦　一九四四年六月

など、アメリカ軍はいち早く日本軍の位置を知り、万全の態勢でこれを迎え撃った。

それではヨーロッパにおけるレーダーをめぐる技術競争の実態は、どのようなものであったのだろうか。

緒戦から終戦まで、いくつかの例を掲げて、この兵器を検証したい。

レーダーの理論は早くから知られていたが、実用化への第一歩はイギリスの技術陣によって一九三五年（昭和一〇年）七月二五日に踏み出された。

この直後イギリス政府は一〇〇万ポンドという多額の予算を認めている。一九三八年末には二〇ヵ国の対空用レーダーサイトが建設され、そのうちの一四ヵ所はすぐさま試験運用に入っている。

ドイツ軍機のかんざし型レーダー・アンテナ（上）とプラスチックカバーで空気抵抗を減らした米軍機のレドーム（下）

翌年七月の段階で、イギリスのレーダーの性能は、

㈠　条件のよい場合には、一九〇キロ遠方の航空機編隊を捕捉
㈡　相手が一機であれば六五キロで捕捉
㈢　同年末までに航空機搭載が可能
㈣　艦船搭載型はすべて開発済みで、最大一一〇キロまでを監視

となっていた。

第二次大戦勃発の九月における対空レーダーの能力としては、「一〇機程度の編隊なら、九〇キロの距離で確実に捕捉可能」まで進歩していた。

これらの概要を知ると、イギリスのレーダー技術はわが国よりも少なくとも五年進んでいたことがわかる。

アメリカ、ドイツさえ、この分野では大幅に遅れていた。

すでにドイツは、イギリスの最新レーダー技術が自国のそれを大きく引き離していることに気づいてはいたが、その正確な実態を把《つか》んではいなかったようである。

戦争がはじまってちょうど一年後、イギリス本土、英仏海峡上空でイギリス、ドイツの大空中戦が開始される。

大英帝国の命運を賭したこの闘いはのちに〝英国の戦い／バトル・オブ・ブリテン〟と呼ばれることになるが、ここで大活躍したのがレーダーであった。

この頃、イギリスは六六ヵ所のレーダーサイトを結ぶ組織的な防空施設を完成させており、これがドイツ空軍の迎撃に信じられないほどの威力を発揮する。

〝バトル・オブ・ブリテン〟の勝利の鍵は、スピットファイア戦闘機とそのパイロットたち、そしてこのレーダー網にあった。

またそれを可能にしたのはイギリス政府の先見性、なかでも豊富に投入された研究予算といえる。
続いてイギリスは周辺海域に跳梁するUボートの探知にレーダーを活用した。
そのレーダーは艦船はもちろん、航空機にも搭載され、〝灰色狼〟の狩り出しに昼夜の別なく使われた。
これに使用された電波の波長は、
一九四〇年一二月　Lバンド（一・五メートル）
〃　四一年　七月　Sバンド（一〇センチ）
〃　四四年一二月　Xバンド（三・五センチ）

技術面では互角であったとされる、イギリス軍の広域監視レーダー（上）と、ドイツ軍のヴュルツブルグ・レーダー

と、次々と短くなっていった。このため精度はそれにともなって向上する。初期には潜水艦の艦橋程度の大きさがないと捕捉できなかったが、Sバンド・レーダーでは水面からわずかに出ている潜望鏡さえ探知可能となった。

これではUボートの乗組員がいかに熟達していたとしても、輸送船団への接近は難しかった。

さて、イギリス側の対空レーダー、対潜レーダーと比較して、この分野におけるドイツの技術はどの程度のものだったのであろうか。

対空レーダーに関していえば、

広域監視レーダー・フライア

単機追跡レーダー・ブュルツブルグ

など、一応の性能を有していた。フライアは小型機の編隊、あるいは単機で飛ぶ大型機なら一八〇キロの距離で探知可能であった。

もっともこれらの実用化は四一年のはじめであるから、イギリスと比べて約二年遅れている。

航空機搭載型レーダーでは、

イギリス　Uボート探知、爆撃地点の確定

ドイツ　もっぱら対空戦闘用

が、それぞれ使われていた。この分野では、投入される兵器の目的が異なっていたので、イギリス、ドイツの技術を直接比較することは難しい。

たとえば地形からいってイギリスの潜水艦がドイツの艦船を攻撃する例はごくまれであり、またバトル・オブ・ブリテン以後、ドイツ機が大挙してイギリス本土を襲うことも少なかった。

空の闘い以上にレーダーの能力の差が問われたのは〝海の闘い〟であった。

前述のごとく、イギリス海軍は最大の脅威であるUボートを撃滅するために、最新鋭のレーダーを活用した。

これに対してUボートの側は、このレーダー電波の発振を探る逆探（逆探知装置）に頼らざるを得なかった。これは日本海軍の場合と同様である。

つまり優秀なレーダーを持っていないので、敵のレーダー電波の有無を早目に知ろうというのである。

もっとも、電波が発射されていることがわかれば、探知される可能性が大きいから退避するというだけの装置にすぎない。

したがって積極的に攻撃に使用するのではなく、身の安全にのみ役立つシステムといえる。

連合軍の強力、正確なレーダーに対し、Uボートは、メトックス、ハーゲンニューク、ナグソス逆探装置、アフロディア・レーダー電波撹乱装置などを使って対抗しようとしたが、いずれも充分ではなかった。

困り果てた末、あまり効果のない電波吸収塗料さえ使っている。

またアメリカ海軍は一九四三年から潜水艦搭載用レーダー（たとえばSJ、SS型）を実用化している。

一方、Uボート、日本海軍の潜水艦は最後まで有効なレーダーなしで闘わなくてはならなかったのである。

さらに水上艦（戦艦、巡洋艦など）のレーダーに関しては、アメリカ、イギリスのそれと比較してドイツ側は大幅に劣っていた。

一九四二年末、イギリス海軍は、

捜索用レーダー　駆逐艦以上のすべての軍艦

射撃管制用レーダー　巡洋艦以上のほとんどの軍艦

に装備していた。

同年一二月三一日におけるバレンツ海海戦にさいして、イギリス巡洋艦は捜索レーダーを利用して自艦に向かって飛んでくるドイツ艦の砲弾を追尾、その回避に活用している。レーダーとそれに接続された簡易コンピューターは、ドイツの二八、二〇センチ砲弾の落下予想位置を正確に示すまでに進歩していたのであった。

それからちょうど一年後、北極海に出撃したドイツ海軍の巡洋戦艦シャルンホルストは、レーダー能力の不足のため、悲劇的な最後を遂げる。

同艦は大時化の北岬沖の戦いにおいて、

「イギリス艦隊の逆探装置によって発見されることを恐れ、レーダーを稼働させずに行動」したのである。

これは自軍のレーダーの能力が低いとする思い込みからであろうか。

ところがイギリス巡洋艦部隊はそのような危惧などかなぐり捨て、容易にドイツ巡戦を発見し、戦艦デューク・オブ・ヨークと共にレーダー射撃を実施した。このさい、デューク・オブ・ヨークの一四インチ砲弾は初弾からシャルンホルストを捉えている。

レーダーの性能、能力だけでなく、この兵器の利用技術についても、イギリス、ドイツ両海軍の差は大きかった。

シャルンホルストが撃沈されたあと、ドイツ海軍の首脳は、

「優れたレーダーなしには、水上戦闘艦の出動はもはや不可能」

と報告するのであった。

それどころかUボート自体も、敵に発見されることなく、接敵できる可能性は極端に少なくなっていた。

つまりレーダーによって、ドイツ海軍の艦艇は完全におさえ込まれてしまったという他ない。

結論

第二次大戦勃発の数年前まで、イギリスとドイツのレーダー技術は肩を並べていた。

しかし一九三七年を境に、前者が労力、資金を大量に投入し、その差は一挙に開いていく。

これはなんといってもイギリス政府の先見性の賜物と言ってよい。

本来、飛行機、戦車、火砲、艦艇などの、〝目に見える兵器〟と異なって、無線、レーダーなどの周辺機器には軍人は眼を向けようとしないのが普通である。

だからこそ有能な政治家、知識人、技術者たちは、新技術を学び、軍人たちの関心を引きつける必要がある。このところに英・独の数値に表われない差が生まれたのであった。

レーダーの技術そのものについては、専門家でないかぎりなかなか分かりづらい。

それらの能力はたんに電波を発射する出力の大小とは一致しないからである。

しかし、電波兵器に対する基礎知識さえ充分でないアマチュアでも、明らかにレーダー技術の優劣がわかる証拠がある。

それは、アメリカ、イギリス、ドイツ軍の夜間戦闘機に取り付けられたレーダーアンテナを見ればよい。

日本とドイツの夜戦は、機首や胴体に大きな棒状のアンテナを――空気抵抗の極端な増加を知りながら――取り付けている。

なかでもドイツのリヒテンシュタイン空対空レーダーは、呆れるほどの寸法である。

画期的な航空機であるメッサーシュミットMe262ジェット戦闘機でさえも、夜間戦闘に使うとなればこのアンテナを必要とした。

これによる速度低下は五〇キロ／時以上、最大速度付近では一〇〇キロ／時にもおよんだはずであった。

これに対して連合軍側の夜間戦闘機、たとえば、

○イギリス空軍

デ・ハビランド　モスキートNF

○アメリカ空軍

ノースロップP61　ブラックウイドウ

○アメリカ海軍

グラマンF6F－5N　ヘルキャット

ボートF4U－5N　コルセア

などは、すべて内蔵アンテナである。

アンテナはプラスチックのレドーム（レーダー・ドーム）の内部におかれ、空気抵抗をはじめから減らすように考えられていた。

またこれは同時に、連合軍が小さく、軽く、使いやすいアンテナの開発に成功していたことを示しているといえよう。

さらに高分子化学の進歩が、プラスチック製のレドームの採用を可能にしていたという事実もある。

ドイツ側では、最初から夜間戦闘機として設計されている高性能双発機ハインケルHe219

ウーフーでさえ、機首には〝花魁《おいらん》のかんざし〟のような棒状のアンテナが林立しているのであった。

流麗な機体のラインと、それを嘲笑うかごとき無様なアンテナの組み合わせは、電波兵器の分野におけるドイツ技術の敗北を、如実に示していると著者には思えるのだが……。

結局ドイツは地対空、空対空レーダーではなんとかイギリスに匹敵したが、その他の分野では大きく遅れをとってしまった。

この意味からは文頭の、連合軍の勝利の要因はレーダーであるといっても、反論は少ないものと思われる。

あとがき

第二次世界大戦で枢軸側の中心となって闘ったドイツと日本の軍事技術を、連合軍側のアメリカ、イギリス、ソ連のそれと比べた場合、見えてくるのはどのような事実なのであろうか。

もちろんそれぞれの国には得意とする分野とそうでないところが混在し、いちがいに比べるのは難しい。

しかし全般的にこれまでの五ヵ国にフランス、イタリアを加えて見た場合、

○もっとも進んだ技術を有する国
　イギリス、ドイツ、アメリカ（ただし順不同）
○次に位置する国
　日本、ソ連
○そしてまたその次に位置する国

フランス、イタリア
とランクをつけたくなる。

日本は造艦技術
ソ連は戦車技術
で、それぞれ世界の最高水準を突っ走ってはいたものの、〝全般的〟という形容詞がつけられれば英、独、米とは一段格下と評価せざるを得ない。

とすると、やはりドイツの兵器はイギリス、アメリカのものと比較するのが適当であろう。

なかでも第一次大戦以来、ドイツとイギリスは常に仮想敵国であった。

一九一〇年頃から開始された主力艦（当時にあっては戦艦と巡洋戦艦）の建艦競争の激しさを知れば、隣り合うふたつの帝国は、死力を尽くして相手を倒そうとしていたことがわかる。

ただし外交という点からみれば、イギリスの手腕ばかりが目立ち、ドイツは不利な状況に追い込まれる。

第一次大戦ではイギリス以外にフランス、イタリア、ロシア、アメリカ、日本を敵としなければならず、次の第二次大戦では、日本、イタリアを除く同じ列強が全く同様に敵にまわってしまったのであった。

イギリスは、人口で自国の二倍を有するアメリカ、ロシア（ソ連）を味方につけ、苦しみながらも最終的に勝利を得ている。

このイギリスの外交手腕はあらゆる兵器に勝るものであり、ドイツはこれによって敗れたという他はない。

第二次大戦以前の、そして戦後から現在に至る日本もドイツと同様にこの面で優れているとはとうてい言い難く、切歯扼腕《せっしやくわん》するばかりである。

さて話が兵器の評価から大きくそれてしまったので、軌道を修正しよう。

これまで本書では長々と彼我の兵器の優劣を論じてきたが、最終的なまとめとして何を述べるべきであろうか。

記述を進めるうちに〝比較〟ということとはかけ離れてしまうが、第二次大戦における戦闘の勝敗を決定した兵器の姿がしだいに明らかになってきた。

その兵器とは、文中でも取り上げたレーダーを中心とする電波兵器である。

眼に見えるわけでもなく、それ自体が敵機を射ち落としたり、敵艦を撃沈したりするわけではない。

たんにブラウン管上に敵の現在位置を表示するだけの装置であるレーダーは、ドイツ海軍の首脳をして、

「これなしではもはや闘うことはできない」

と言わしめるほどの威力を発揮した。

一九四〇年夏から秋の〝イギリスの戦い〟に象徴されるごとく、レーダーはこの大戦争の行方に重大な――他の兵器ではなし得ないほどの――影響をあたえたのである。

太平洋戦争の天王山とも言えるマリアナ沖海戦（昭和一九年六月）の勝敗も、アメリカ海

軍のレーダーによって決した。

これまでの第二次大戦史を繙くとき、レーダーの評価が低すぎると感じるのは決して著者だけではあるまい。

次に結論として掲げておきたいのは、広義の軍事力は、結局のところその国の〝バランス感覚〟に左右されるという事実である。

大戦中のドイツの軍備と軍事力を研究すると、これとは逆のアンバランスがあちこちで目につく。

○最新鋭のジェット戦闘機を一五〇〇機も揃えながら、大型爆撃機を保有できなかったこと

○重量級の戦車(たとえばキングタイガー)を開発していながら、それらに必要なディーゼルエンジンを製造できないままに終わったこと

○機械化部隊を整備しながら、近代的な野戦砲を配備できなかったこと

○優秀な戦艦、巡洋艦を建造する一方で、最後まで航空母艦を完成させられなかったこと

これらのいずれも現在の時点から振りかえれば、それなりの原因、理由は推測できはするものの、やはりバランス性に欠けていた。

一方、学べば学ぶほど、すべての面で高水準を維持していたのがアメリカといえよう。その開発した兵器のほとんどが、一〇〇点満点のうちの九〇点と評価できるのである。

決して完全ではないが、〝もっとも完全に近い〟といえるのではあるまいか。

またM4シャーマン戦車に代表される、性能的にそれほど高いとは思えない兵器について

は、アメリカ自身がその事実を知り、生産数で敵を圧倒しようとした。

M4シャーマンの生産数、五万台プラスファミリー車両一万台という数を知れば、Ⅳ号戦車九〇〇〇台、Ⅴ号戦車七〇〇〇台といった数字はたしかにかすんでしまうのであった。

先ほどから記している〝バランス〟という言葉は、合理性とも言い換えることができる。

それまでの戦争、戦闘を冷静に分析し、今どのような兵器が、どの程度必要か、あるいはそれをどう使うべきか、といった点に関して、アメリカは常に正しく判断していたと断言してもよさそうである。

加えて、使う場所、投入方法を考え、古い兵器も有効に活用している。

この例としては、海軍のグラマンF4Fワイルドキャット戦闘機が挙げられる。

F4Fは開戦時にすでに配備が始まっていたが、一九四五年の終戦のさいにも空母艦載機として使われていた。

これは後継機たる、
グラマンF6Fヘルキャット
ボートF4Uコルセア
の大量生産が軌道にのったあとでも、護衛空母の艦載機としての補助敵役割であれば、F4Fで充分だったからである。

最新兵器の開発ばかりではなく、合理性、割り切り方、といった面でも、アメリカ（軍）

はドイツ、日本、そして他の連合国(軍)を凌駕していたという他ない。

ところで現在に至るも、この種の分析に疎《うと》いのが日本である。自分の属する国家に対する愚痴にもなるので、筆が鈍くなるが、ひとつの例を掲げておこう。

拙書『続・日本軍の小失敗の研究』でも取り上げた主力戦闘機の空中給油装置をめぐる問題である。

日本政府もようやく空中給油機の重要性に気づき、四機の汎用型の購入を決定している。

しかし個々の第一線機を見ていくと、

(一) マクダネル・ダグラスF4ファントム戦闘機/偵察機
標準タイプにはついていた空中給油システムをわざわざ取りはずした
その後〝改〟(近代化改修)では復活

(二) 三菱F1支援戦闘機
空中給油装置ははじめからなし

(三) マクダネル・ダグラスF15イーグル戦闘機
装備されている

(四) 三菱F2支援戦闘機
当初より装備している

といった様に、これまでのところこのシステムに関して一貫しないままにきている。ようやく今後航空自衛隊が装備する戦闘用航空機には、空中給油が可能となる。なぜなら支援戦闘機F1は、順次引退していきつつあるからである。

それにしてもこれまでこのような兵器の運用効率の向上についてさえ、スムーズに運ばなかったのは、国民の国防というものに対する無関心によるところも決して少なくなかったと言えるのではないだろうか。

これではとても第二次大戦中のドイツ、日本の非合理性を笑うわけにはいかない。現在の自衛隊でさえ、この有様なのであるから……。

いつの世でも、大部分の人間は過去の歴史から学ぼうとしないものなのであろうか。

いつもながら光人社編集部の方々には、校閲、写真の入手、選択とお世話になった。ここで厚くお礼を申し上げておきたい。

なお、参考文献に関しては、『ドイツ軍の小失敗の研究』とほとんど同一であるので省略した。

一九九七年秋

三野正洋

文庫版のあとがき

一人の技術者としての立場から見たとき、第二次世界大戦のドイツ軍兵器ほど面白い研究の対象物は他にないように思える。

兵器というものの存在が〝絶対悪〟であるのは、重々承知しているのだが、それでも数千人のエンジニア、そして数十万の用兵者たちが頭脳のすべてを傾けて開発し、投入した技術の数々は間違いなく現代に生きる我々を魅了するのである。

ただしそれらのいずれもが、必ずしも成功作とは言えないところにも逆に興味を引かれる。

当時の日本は言うに及ばず、アメリカ、イギリス、ソ連さえまったく実現出来なかった地対地ミサイルV2号ロケットを量産し、それを実戦に投入したドイツ空軍。

さらには特殊な化学液料エンジン装備の〝超〟高速潜水艦を進水させたドイツ海軍。

これらの先端技術は、他の国々を瞬間的に少なくとも五年は引き離していたといってよい。

ところが、その一方で百数十トンという巨大な戦車を開発したものの、それらE100およびマウスは重量過大で試運転のさい、地面に沈み込むばかりであった。

そのうえたとえそれらが完成したとしても、あまりに重すぎ、大きすぎて戦場まで運ぶことはとうてい不可能だったのである。

このような状況は開発に取り組む以前から子供でもわかったはずなのに、関係者は真面目にその実用化を考えていた。

いってみればまさに、
戯画　ポンチ絵　Caricature
あるいはアンデルセンの「裸の王様」の世界そのものである。

またその開発の責任者の一人が、スポーツカーの設計者として君臨したF・ポルシェ博士と聞けば、呆れ果てるべきか、それとも感心すべきなのか迷いに迷うことになる。

いったいこの事実はなんとしたことであろうか。

ともかくドイツ第三帝国の兵器開発は、

「優れた天才技術者と狂人に近い夢想家」

が入り乱れて行なわれていたと言っても過言ではない。

それと比べると、
○日本　取り立てて論ずるほどの技術はきわめて少ない
○アメリカ　極めて常識的な技術を満遍なく進化させる
○イギリス　古い技術／ハードと新しい技術／ソフトがうまく混在している
○ロシア　一部の兵器、なかでも戦闘車両の分野が突出、他は停滞
といった傾向にあった。

繰り返すが、ドイツ軍の兵器を調べていくと、子供の玩具《おもちゃ》箱を引っくり返したような面白さに満ちていた。

これはなにも著者だけの感想ではなく、技術者ならば誰もが感じるところである。

このたび文庫化された本書により、読者諸兄が少しでもこのあたりに同感していただければ幸いである。

これは著者の持論だが、物事をいわゆる専門家と呼ばれる人々だけにまかせておくのはかえって危険であって、彼らは素晴らしい仕事を成し遂げると同時に多くの失敗をおかす。

したがって我々は常に、専門家の仕事ぶりを見守る必要があるのではないか。

ドイツ軍兵器の研究から汲み取れる最大の教訓のひとつは、案外このようなことなのかも知れない。

なお文中の一部に関しては読者諸兄の多くが拙著、

○『ドイツ軍の小失敗の研究』

○『日本軍兵器の比較研究』

をお読みになっているものとして記述しているところがある。重複をさけるための措置であるので、未読の各位にはご了承いただきたい。

二〇〇一年　秋

三野正洋

単行本　平成九年十月　光人社刊

NF文庫

ドイツ軍の兵器比較研究　新装版

二〇二一年四月二十日　第一刷発行
著　者　三野正洋
発行者　皆川豪志
発行所　株式会社　潮書房光人新社
〒100-8077　東京都千代田区大手町一-七-二
電話／〇三-六二八一-九八九一㈹
印刷・製本　凸版印刷株式会社
定価はカバーに表示してあります
乱丁・落丁のものはお取りかえ致します。本文は中性紙を使用

ISBN978-4-7698-3212-6　C0195
http://www.kojinsha.co.jp

NF文庫

刊行のことば

第二次世界大戦の戦火が熄《や》んで五〇年——その間、小社は夥しい数の戦争の記録を渉猟し、発掘し、常に公正なる立場を貫いて書誌とし、大方の絶讃を博して今日に及ぶが、その源は、散華された世代への熱き思い入れであり、同時に、その記録を誌して平和の礎とし、後世に伝えんとするにある。

小社の出版物は、戦記、伝記、文学、エッセイ、写真集、その他、すでに一、〇〇〇点を越え、加えて戦後五〇年になんなんとするを契機として、「光人社NF（ノンフィクション）文庫」を創刊して、読者諸賢の熱烈要望におこたえする次第である。人生のバイブルとして、心弱きときの活性の糧《かて》として、散華の世代からの感動の肉声に、あなたもぜひ、耳を傾けて下さい。